對本書的讚譽

「Vladik Khononov 思想獨特，多年來他一直應用 DDD 來解決實際的業務問題。他的想法不斷推動著整個 DDD 社群的發展，而這本書將會啟發初入門的 DDD 從業者。」

—*Nick Tune*
技術顧問

「在我回想閱讀這本書的草稿時，有個想法湧上心頭，就是這本書履行了它的標題！一想到這我就十分喜悅。這是一本引人入勝而且內容豐富的實踐指南，它涵蓋了 DDD 從戰略到技術設計的範圍。在我有經驗的領域中，我獲得了新的洞察和理解，也彌補了我較少接觸到的概念和實踐。Vlad 是一位了不起的老師！」

—*Ruth Malan*
Bredemeyer 顧問公司的架構顧問

「Vlad 作為一位從事於一些相當複雜的專案，並一直慷慨分享這些知識的 DDD 從業者，他擁有許多得來不易的經驗。在這本書中，他用獨特的方式述說 DDD 的故事，為學習提供了很好的觀點。雖然這本書是針對新手的，但我作為一位撰文並談論 DDD、長期的 DDD 從業者，我發現我仍從他的觀點中學到很多。」

—*Julie Lerman*
軟體教練、*O'Reilly* 作者，
以及 *Serial DDD* 倡導者

領域驅動設計學習手冊
保持軟體架構與業務戰略的一致

Learning Domain-Driven Design
Aligning Software Architecture
and Business Strategy

Vlad Khononov 著

徐浩軒 譯

O'REILLY®

目錄

第二部分　　戰術設計

第九章　溝通模式...**139**

第三部分　實際應用領域驅動設計

第十章　設計啟發式方法...**161**

序

領域驅動設計（domain-driven design）提供了一組協作方法的實踐，用於從業務觀點——即領域（domain）來建立軟體，以及作為您目標的領域問題。它最初是由 Eric Evans 於 2003 年所創造，並出版了在 DDD 社群中廣為人知的「藍皮書」，書名是《*Domain-Driven Design: Tackling Complexity in the Heart of Software*》。

雖然解決複雜度並提供通往清晰的道路是領域驅動設計的目標，但仍有許多很棒的想法甚至可以應用在較不複雜的軟體專案。DDD 提醒我們，軟體開發人員並不是唯一參與建立軟體的人，軟體是為了領域專家（domain experts）而建立的，他們為正被解決的問題帶來關鍵性的理解。當我們首先應用「戰略設計」（strategic design）來理解業務問題（又稱領域）並將問題分解為更小、可解決、相互關聯的問題時，我們會在整個創造的階段建立合夥關係（partnership）。與領域專家的合作也促使我們使用領域的語言進行交流，而不是強迫業務方面的人學習軟體的技術語言。

基於 DDD 專案的第二個階段是「戰術設計」（tactical design），我們將戰略設計的發現轉變為軟體的架構和實作。同樣的，DDD 為了組織這些領域並避免更大程度的複雜度提供了引導和模式。即使領域專家查看軟體團隊建立的程式碼，領域專家也將識別出他們領域的語言，戰術設計使得與領域專家的合夥關係延續下去。

自從「藍皮書」出版後的多年來，不僅許多組織受益於這些想法，而且一個由經驗豐富的 DDD 從業者所組成的社群也獲得發展。DDD 的協作本質促使了這個社群分享他們的經驗和觀點，並且創建工具來幫助團隊擁抱這些想法並從中受益。在 2019 年探討 DDD 的主題演講中，Eric Evans 鼓勵社群繼續發展 DDD——不僅是它的實踐，而且要尋找方法來更有效地分享其想法。

而這讓我明白為什麼我如此熱愛領域驅動設計學習手冊。透過 Vlad 的會議演講和其他著作，我已經是他的粉絲了。他作為一位從事於一些相當複雜的專案，並一直慷慨分享這些知識的 DDD 從業者，他擁有許多得來不易的經驗。在這本書中，他用獨特的方式述說 DDD 的「故事」（不是它的歷史，而是它的概念），為學習提供了很好的觀點。雖然這本書是針對新手的，但我作為一位撰文並談論 DDD、長期的 DDD 從業者，我發現我仍從他的觀點中學到很多。在這本書出版之前，我就迫不急待地在我 Pluralsight 上的 DDD 基礎課程中參考他的書，而且已經在與委託人的對話中分享了一些這種觀點。

入門 DDD 時可能會令人困惑，正如我們使用 DDD 來降低專案的複雜度一樣，Vlad 以降低主題本身複雜度的方式來呈現 DDD。他所做的不僅僅是解釋 DDD 的原理，這本書的後半部分享了一些從 DDD 發展而來的重要實踐，例如事件風暴（EventStorming）解決了發展業務重點或組織的問題，以及這可能會如何影響軟體，還討論了如何保持 DDD 和微服務（mircoservices）的一致，以及您如何能把它和許多知名的軟體模式做整合。我認為領域驅動設計學習手冊對於新手來說是一本很好的 DDD 入門書，對於有經驗的從業者來說也是一本非常值得一讀的書。

—Julie Lerman

軟體教練、*O'Reilly* 作者，

以及 *Serial DDD* 倡導者

前言

我清楚記得我開始第一份真正的軟體工程工作的那一天，我欣喜若狂卻又感到害怕。在我高中時期為當地企業解決軟體問題之後，我便渴望成為一名「真正的程式設計師」並為該國最大的外包公司之一撰寫一些程式。

我在那裡的第一天，我的新同事告訴我要做什麼。在設定好公司電子郵件並瀏覽了時間追蹤系統之後，我們終於來到了有趣的束西：公司的程式撰寫風格和標準。有人告訴我「在這裡，我們總是撰寫精心設計的程式碼並使用分層架構（layered architecture）」，我們逐一瀏覽了三個層——資料存取層（data access layer）、業務邏輯層（business logic layer）和展示層（presentation layer）——的定義，然後討論了解決這些層需求的技術和框架。當時，公認的資料儲存解決方案是 Microsoft SQL Server 2000，它是使用 ADO.NET 在資料存取層做整合的，展示層因用於桌面應用程式的 WinForms 或是用於 web 的 ASP.NET WebForms 而很棒，我們在這兩層上花了相當長的時間，所以當業務邏輯層沒有得到任何關注時，我感到很困惑：

「但業務邏輯層呢？」

「那是很直接的，這裡就是你實作業務邏輯的地方。」

「但什麼是業務邏輯呢？」

「哦，業務邏輯就是為了實作需求，你所需要的所有迴圈和『if-else』陳述。」

那天，我開始了我的旅程以了解業務邏輯到底是什麼，以及應該如何在設計良好的程式碼中實作它。我花了三年多的時間才終於找到答案。

答案就在 Eric Evans 的開創性著作《*Domain-Driven Design: Tackling Complexity in the Heart of Software*》中。結果證明了我沒有錯，業務邏輯確實很重要：它是軟體的核心！然而不幸的是，我又花了三年的時間才理解 Eric 所分享的智慧。這本書非常先進，英語是我的第三語言這一個事實並沒有幫助。

不過，最終一切都明朗了，我接受了領域驅動設計（domain-driven design，DDD）的方法論，我明白了 DDD 的原則和模式、建模和實作業務邏輯的複雜度，以及如何應對我正建立的軟體核心複雜度。儘管有阻礙，但這絕對是值得的，踏入領域驅動設計對我來說是一次改變生涯的經歷。

為何我會寫這本書

在過去十年裡，我向不同公司的同事介紹了領域驅動設計、進行了實體課程，並講授了線上課程。從教學的角度不僅幫助我深化知識，還讓我完善了我說明領域驅動設計原則和模式的方式。

正如經常發生的那樣，教比學更具有挑戰性。我是 Eliyahu M. Goldratt（*https://oreil.ly/ZZdXf*）工作和教學的超級粉絲。Eliyahu 曾經說過，即使是最複雜的系統，如果從正確的角度來看，本質上也是簡單的。在我教 DDD 的這些年裡，我一直在尋找一種能夠揭示領域驅動設計本質上簡單的方法模型。

這本書是我努力的結果。它的目標是使領域驅動設計大眾化；使它更容易理解也更易於使用。我相信 DDD 的方法絕對是無價的，尤其是在設計現代軟體系統時。這本書將為您提供足夠的工具，讓您開始在日常工作中應用領域驅動設計。

誰應該讀這本書

我相信領域驅動設計原則和模式的知識對各級軟體工程師都有用：初級（junior）、資深（senior）、主任（staff）和首席（principal）。DDD 不僅提供了用於建模和有效實作軟體的工具和技術，它還闡明了軟體工程中一個經常被忽視的面向：上下文（context）。具備系統的業務問題知識之後，您將更有效地選擇合適的解決方案，一個不是設計不足（under-engineered）或過度設計（over-engineered），而是可以解決業務需求和目標的解決方案。

領域驅動設計對於軟體架構師（software architects）來說更為重要，對於有抱負的軟體架構師來說更是如此。它的戰術設計決策工具將幫助您將大型系統分解為元件（components）──服務、微服務（microservices）或子系統（subsystems）──並設計如何讓元件互相整合以形成一套系統。

最後，在本書中，我們不僅會討論如何設計軟體，還會討論如何隨著業務上下文的變化共同發展設計。軟體工程這一關鍵面向將幫助您隨著時間推移保持系統設計的「形態」，並防止它退化成一個大泥球（big ball of mud）。

本書導覽

本書分為四個部分：戰略設計（strategic design）、戰術設計（tactical design）、實踐中的 DDD，以及 DDD 與其他方法和模式的關係。在第一部分，我們介紹用來制定大規模軟體設計決策的工具和技術。在第二部分，我們關注程式碼：實作系統業務邏輯的不同方式。第三部分討論了在實際專案中應用 DDD 的技術和策略。第四部分繼續討論領域驅動設計，但這次是在其他方法和模式的背景之下。

以下是每章內容之簡短摘要：

- 第 1 章建立軟體工程專案的背景：業務領域、它的目標，以及軟體打算如何去支持它們。
- 第 2 章介紹「統一語言」（ubiquitous language）的概念：用於有效溝通和知識分享的領域驅動設計實踐。
- 第 3 章討論如何應對業務領域的複雜度，並設計系統的高階（high-level）架構元件：限界上下文（bounded contexts）。
- 第 4 章探討在限界上下文之間組織溝通和整合的不同模式。
- 第 5 章開始討論業務邏輯的實作模式，包含兩個解決簡單業務邏輯案例的模式。
- 第 6 章進一步從簡單到複雜的業務邏輯，並介紹了解決其複雜度的領域模型（domain model）模式。
- 第 7 章增加時間的角度，並介紹了一種更進階的方式來建模和實作業務邏輯：事件源領域模型（event-sourced domain model）。
- 第 8 章將重點轉移到更高的層次，並描述了建構元件的三種架構模式。
- 第 9 章提供編排系統元件工作所需要的模式。

- 第 10 章將前面章節中討論過的模式串聯在一起，形成一些簡單的經驗法則，簡化了制定設計決策的流程。

- 第 11 章從時間的角度探討軟體設計，以及它應該如何在其壽命中改變和發展。

- 第 12 章介紹事件風暴（EventStorming）：一個用於有效分享知識、建立共同的理解和設計軟體的低技術研討會。

- 第 13 章介紹在將領域驅動設計導入棕地（brownfield）專案時可能面臨的困難。

- 第 14 章討論微服務的架構風格和領域驅動設計之間的關係：它們的差異和互補之處。

- 第 15 章在事件驅動（event-driven）架構的背景下探討領域驅動的設計模式和工具。

- 第 16 章的討論從營運系統（operational systems）轉移到分析資料管理系統（analytical data management systems），並討論領域驅動設計和資料網格（data mesh）架構之間的相互作用。

為了加強學習，所有章節都會以一些練習題作為結束，一些問題使用虛構的公司「WolfDesk」來展示領域驅動設計的各個面向。請閱讀以下 WolfDesk 的描述，並在回答相關練習題時回到這裡。

示範領域：WolfDesk

WolfDesk 提供服務台工單（help desk tickets）管理系統作為其服務。如果您的初創（start-up）企業需要為您的客戶提供客服，借助 WolfDesk 的解決方案，您可以立即啟動並運行。

WolfDesk 使用和其競爭對手不同的支付模式，它不對每位使用者收取費用，而是讓租戶根據需要設定任意數量的使用者，再根據每次收費期間所開啟的客服工單數量來對租戶收費。沒有最低費用，若超過每月工單的特定門檻，則有總額的自動折扣：月開 500 張以上 10%、月開 750 張以上 20%、月開 1,000 張以上 30%。

為了防止租戶濫用這個商業模式，WolfDesk 工單生命週期的計算方法會確保暫時不用的工單自動關閉，並鼓勵客戶在需要進一步客服時打開新的工單。此外，WolfDesk 實作了一個詐欺偵測（fraud detection）系統，它可以分析訊息並偵測出在同一張工單中討論了無關主題的情況。

為了幫助租戶簡化客服相關的工作，WolfDesk 實作了「客服自動導引」功能。自動導引會分析新的工單，並嘗試從租戶的工單歷史記錄中自動找到相對應的解決方案，這個功能使得工單的壽命更加縮短，鼓勵客戶開啟新的工單以解決更多問題。

WolfDesk 整合了所有安全標準和措施來驗證並授權租戶的使用者，還允許租戶使用他們現有的使用者管理系統來設定單一登入（single sign-on，SSO）。

管理介面讓租戶能設定工單類別的可能值，以及支援的租戶產品列表。為了能夠只在租戶客服人員的工作時間內將新的工單發送給他們，WolfDesk 允許輸入每位客服人員的工作時間。

由於 WolfDesk 提供的服務不收取最低費用，因此它必須最佳化其基礎設施，以最大限度地降低新租戶的入門成本。為此，WolfDesk 利用了無伺服器運算（serverless computing），讓它能根據有效工單上的操作來彈性地擴展其計算資源。

本書編排慣例

本書使用以下的編排慣例：

斜體字（*Italic*）

　　代表新的術語、URLs、email 地址、檔名和副檔名。中文用楷體表示。

定寬字（`Constant width`）

　　用來列出程式，以及在內文引用的程式元素，例如：變數或函式名稱、資料庫、資料型態、環境變數、陳述式及關鍵字。

 這個圖示代表一般註解。

使用範例程式

補充材料（範例程式、練習等）可以從 *https://learning-ddd.com* 下載。

書中介紹的所有範例程式都是用 C# 語言實作的。通常，您在章節中看到的範例程式是展示所討論概念的節錄。

當然，書中討論的概念和技術並不局限於 C# 語言或物件導向程式設計（object-oriented programming）方法，所有都與其他語言和其他程式設計典範（programing paradigms）有關，因此，您可以隨意使用您喜歡的語言實作本書的範例並與我分享。我很樂意將它們添加到本書的網站上。

如果您有技術問題或範例程式使用的問題，請發送電子郵件至 *bookquestions@oreilly.com*。

本書旨在協助你完成工作。一般來說，你可以在自己的程式或文件中使用本書的程式碼而不需要聯繫出版社取得許可，除非你更動了程式的重要部分。例如，使用這本書的程式段落來編寫程式不需要取得許可。但是將 O'Reilly 書籍的範例製成光碟來銷售或發布，就必須取得我們的授權。引用這本書的內容與範例程式碼來回答問題不需要取得許可。但是在產品的文件中大量使用本書的範例程式，則需要我們的授權。

我們會非常感激你在引用它們時標明出處（但這並非必要舉措）。出處一般包含書名、作者、出版社和 ISBN。例如：「*Learning Domain-Driven Design* by Vlad Khononov (O'Reilly). Copyright 2022 Vladislav Khononov, 978-1-098-10013-1.」。

如果你覺得自己使用範例程式的程度超出上述的允許範圍，歡迎隨時與我們聯繫：*permissions@oreilly.com*。

致謝

最初，這本書的標題是「什麼是領域驅動設計？」並於 2019 年作為報告發表。沒有這份報告，《領域驅動設計學習手冊》就不會問世，我特別感激讓「什麼是領域驅動設計？」成為可能的人：Chris Guzikowski、Ryan Shaw、Alicia Young[1]。

如果沒有 O'Reilly 的內容總監（Content Director）和多元人才主管（Diversity Talent Lead）Melissa Duffield，這本書是不可能完成的，她支持並使這個專案成真。謝謝您，Melissa，感謝您的所有幫助！

Jill Leonard 是本書的企劃編輯（development editor）、專案經理（project manager）和總教練。Jill 在這項工作中的角色再強調也不為過。Jill，非常感謝您的辛勞和協助！非常感謝您讓我保持動力，即使是當我考慮改名並躲到國外時。

1　每當我提及這一群人時，名單都是按照姓氏字母的順序來排列的。

非常感謝製作團隊讓這本書不僅能寫出來而且還易讀：Kristen Brown、Audrey Doyle、Kate Dullea、Robert Romano 和 Katherine Tozer。其實，我要感謝整個 O'Reilly 團隊所做的出色工作，與您們合作讓我的夢想成真！

感謝我採訪和諮詢過的所有人：Zsofia Herendi、Scott Hirleman、Trond Hjorteland、Mark Lisker、Chris Richardson、Vaughn Vernon、Ivan Zakrevsky。感謝您們的智慧，以及當我需要幫助時有您們的陪伴！

特別感謝閱讀初稿並幫助我完成最終書籍的審稿團隊：Julie Lerman、Ruth Malan、Diana Montalion、Andrew Padilla、Rodion Promyshlennikov、Viktor Pshenitsyn、Alexei Torunov、Nick Tune、Vasiliy Vasilyuk、Rebecca Wirfs-Brock。您們的支持、回饋和評論幫助很大，謝謝您們！

我還要感謝 Konny Baas-Schwegler、Alberto Brandolini、Eric Evans、Marco Heimeshoff、Paul Rayner、Mathias Verraes 以及其他令人驚嘆的領域驅動設計社群，您們知道您們是誰，您們是我的老師和顧問。感謝您們在社群媒體、部落格和會議上分享您們的知識！

我最感激我親愛的妻子 Vera，她總是在我瘋狂的專案中支持著我，並試圖保護我免受到會分散我寫作注意力的事情所影響。我保證最後會清理地下室，這很快就會發生！

最後，我想把這本書獻給我們敬愛的 Galina Ivanovna Tyumentseva，她在這個專案中給予了我很大的支持，但在本書的寫作過程中我們很遺憾地失去了她。我們會永遠記住您。

#AdoptDontShop

導論

軟體工程（software engineering）很難。為了在這取得成功，我們必須不斷學習，無論是嘗試新語言、探索新技術，還是跟上新的熱門框架。然而，每週學習一個新的 JavaScript 框架並不是我們工作中最難的面向，理解新的業務領域（business domains）可能更具挑戰性。

在我們整個職業生涯當中，必須為各種業務領域開發軟體的情況並不少見：金融系統、醫療軟體、線上零售、行銷等等，就某種意義上來說，這就是我們的工作和大多數其他職業的不同之處。在其他領域工作的人通常會在發現軟體工程涉及到了多少學習時而感到驚訝，尤其是在工作環境改變時。

未能掌握業務領域會導致業務軟體中不理想的實作。不幸的是，這很常見。根據研究，大約 70% 的軟體專案沒有按時、按預算或按照客戶的需求交付。換句話說，絕大多數的軟體專案都失敗了。這個問題是如此深入和廣泛，以至於我們甚至有一個術語：軟體危機（software crisis）。

軟體危機這一個術語早在 1968 年就被提出了[1]，人們假設在這之後的 50 年裡情況會有所改善。在那些年裡，為了使軟體工程更有成效，許多方法、方法論和學科被提出：敏捷宣言（Agile Manifesto）、極限程式設計（extreme programming）、測試驅動開發（test-driven development）、高階語言（high-level languages）、DevOps 等等。不幸的是，事情並沒有太大變化，專案仍然經常失敗，軟體危機仍然存在。

1　"Software Engineering." Report on a conference sponsored by the NATO Science Committee, Garmisch, Germany, October 7–11, 1968.

許多研究已經對專案失敗的常見原因進行了調查[2]，儘管研究人員無法準確指出單一原因，但他們大多數的發現都有一個共通的主題：溝通。阻礙專案的溝通問題能以不同的方式顯示出來；例如，不明確的需求、不確定的專案目標，或是團隊之間無效的協調努力。但同樣的，多年來我們一直試圖透過導入新的溝通機會、流程和媒介來改善團隊間和團隊內的溝通。不幸的是，我們的專案成功率仍然沒有太大變化。

領域驅動設計（Domain-driven design，DDD）建議從不同的角度解決軟體專案失敗的根本原因，有效溝通將是本書中學習的領域驅動設計工具和實踐的核心主題。DDD 可以分為兩個部分：戰略（strategic）和戰術（tactical）。

DDD 的戰略工具用於分析業務領域和戰略，並促進不同利害關係人之間對業務的共同理解。我們還將使用業務領域的這些知識來驅動高階（high-level）的設計決策：將系統分解為元件（components）並定義它們的整合模式。

領域驅動設計的戰術工具解決了溝通問題的不同面向，DDD 的戰術模式讓我們以反映業務領域、解決其目標，並使用業務語言的方式撰寫程式碼。

DDD 的戰略和戰術模式以及實踐都保持軟體設計和業務領域的一致，這就是這個名稱的來源：（業務）領域驅動（軟體）設計。

領域驅動設計無法像《駭客任務》那樣，將新 JavaScript 函式庫的知識直接安裝進您的大腦中，但它會改善理解業務領域的過程並根據業務戰略引導設計決策，進而使您成為更有效率的軟體工程師。正如您將在本書後面章節中學習到的那樣，軟體設計與業務戰略之間的聯繫越緊密，就越容易維護和發展系統以滿足未來的業務需求，最終促成更多成功的軟體專案。

讓我們透過探討戰略模式和實踐來開始我們的 DDD 之旅吧。

2　例如，參見 Kaur, Rupinder, and Dr. Jyotsna Sengupta (2013), "Software Process Models and Analysis on Failure of Software Development Projects," *https://arxiv.org/ftp/arxiv/papers/1306/1306.1068.pdf*。也可以查看 Sudhakar, Goparaju Purna (2012), "A Model of Critical Success Factors for Software Projects." *Journal of Enterprise Information Management 25*(6), 537–558。

第一部分

戰略設計

在我們對問題有共識之前談解決方案是沒有意義的，在我們對解決方案有共識之前談實行步驟也是沒有意義的。

—Efrat Goldratt-Ashlag[1]

領域驅動設計（DDD）方法可以分為兩個主要部分：戰略（strategic）設計和戰術（tactical）設計。DDD 的戰略方面涉及回答「什麼（what）？」和「為什麼（why）？」的問題 —— 我們正在建立什麼軟體，以及為什麼要建立它。戰術部分是關於「如何（how）？」—— 每個元件是如何實作的。

我們將透過探索領域驅動設計的模式和戰略設計原則開始我們的旅程：

- 在第 1 章中，您將學習分析公司的商業戰略：它為消費者提供了什麼價值，以及如何與業內其他公司競爭。我們將識別更細粒度（finer-grained）的業務建構區塊，評估其戰略價值，並分析如何影響不同的軟體設計決策。

- 第 2 章介紹了領域驅動設計對於理解業務領域的必要實踐：統一語言（*ubiquitous language*）。您將學習如何發展統一語言，並使用它來促進所有與專案相關的利害關係人之間的共同理解。

- 第 3 章討論了另一個領域驅動設計的核心工具：限界上下文（*bounded context*）模式。您將了解為什麼這個工具對於發展統一語言而言至關重要，以及如何使用它來把發現的知識轉化為業務領域的模型。最終，我們將利用限界上下文來設計軟體系統的粗粒度（coarse-grained）元件。

1　Goldratt-Ashlag, E. (2010). "The Layers of Resistance—The Buy-In Process According to TOC."

- 在第 4 章中，您將了解影響系統元件整合的技術和交際上的限制，以及解決不同情況和限制的整合模式。我們將討論每種模式如何影響軟體開發團隊之間的協作以及元件的 API 設計。

  這章最後介紹了上下文映射（*context map*）：繪製系統限界上下文之間溝通的一種圖形符號，並提供了專案整合和協作環境的鳥瞰圖。

第一章

分析業務領域

如果您和我一樣，喜愛撰寫程式碼：解決複雜的問題、提出優雅的解決方案，透過精心設計規則、結構和行為來建構全新的世界，我相信這就是您在領域驅動設計（DDD）中會有興趣的地方：您想讓您的技術變得更好。但是，本章與撰寫程式碼無關，在本章中，您將了解公司是如何運作的：它們存在的原因、追求的目標，以及實現目標的戰略。

當我在我的領域驅動設計課程中講授這些內容時，實際上許多學生會問：「我們需要了解這些內容嗎？我們是在撰寫軟體，又不是在經營企業。」對於他們的問題，答案是大聲肯定的「是」。要設計和建立有效的解決方案，您必須了解問題，在我們的上下文（context）中，即是我們必須建立的軟體系統。要理解問題，您必須了解它存在的環境——組織的業務戰略，以及它透過建立軟體來獲得什麼價值。

在本章中，您將學習用於分析公司業務領域及其結構的領域驅動設計工具：其核心（core）、支持（supporting）和通用子領域（generic subdomains）。這份教材是設計軟體的基礎。在其餘的章節中，您將了解這些概念影響軟體設計的不同方式。

什麼是業務領域？

業務領域定義了公司的主要活動區域。一般來說，這是公司為客戶提供的服務。例如：

- FedEx 提供快遞服務。
- 星巴克以咖啡聞名。
- Walmart 是最廣為人知的零售店之一。

一家公司可以運營多個業務領域。例如，Amazon 同時提供零售和雲端運算（cloud computing）服務。Uber 是一家共乘公司，還提供送餐和共享單車服務。

重要的是要注意，公司可能會經常更改其業務領域。一個典型的例子是 Nokia，多年來，它在木材加工、橡膠製造、電信和行動通訊等領域開展業務。

什麼是子領域？

為了達成公司業務領域的目的和目標，它必須在多個子領域（subdomains）中運營。子領域是業務活動的細粒度（fine-grained）區域，公司的所有子領域構成了它的業務領域：它為客戶提供的服務。實行單一的子領域不足以讓公司取得成功；它只是整體系統中的一個建構區塊，子領域必須彼此互動以達成公司在其業務領域中的目的。例如，星巴克最聞名的也許是它的咖啡，但建立一個成功的咖啡連鎖店需要的不僅僅是懂得如何製作出好咖啡，還必須在有效的地點購買或租用房地產、雇用人員，以及管理財務等活動，這些子領域都不會單獨成為一家盈利的公司，所有這些都是公司能夠在其業務領域競爭所必需的。

子領域的類型

正如軟體系統包含各種架構元件 —— 資料庫、前端應用程式、後端服務等 —— 子領域具有不同的戰略／業務價值。領域驅動設計區分為三種類型的子領域：核心（core）、通用（generic）、支持（supporting），讓我們從公司戰略的觀點來看看它們有何不同。

核心子領域

核心子領域是公司與競爭對手的不同之處，這可能涉及發明新產品或服務，或透過最佳化現有流程來降低成本。

讓我們以 Uber 為例，最初，該公司提供了一種新穎的交通方式：共乘。隨著競爭對手的追趕，Uber 找到了最佳化和發展其核心業務的方法：例如透過配對朝同方向前進的乘客來降低成本。

Uber 的核心子領域影響它的盈虧，核心子領域是公司如何和它的競爭對手區別開來的方式，這是公司為客戶提供更好服務和／或最大化其盈利能力的戰略。為了維持競爭優勢，核心子領域涉及發明、智慧最佳化、商業技能知識（know-how），或是其他智慧財產。

想想看另一個例子：Google 搜尋的排名（ranking）演算法。在撰寫本文時，Google 的廣告平台占其大部分的利潤，儘管如此，Google Ads 不是一個子領域，而是一個由子領域組成的獨立業務領域，包含其雲端運算服務（Google Cloud Platform）、生產力和協作工具（Google Workspaces），以及 Google 的母公司 Alphabet 所營運的其他領域。那麼 Google 搜尋及其排名演算法呢？雖然搜索引擎不是付費服務，但它是 Google Ads 最大的展示平台，它提供出色搜尋結果的能力是帶動流量的原因，所以它是 Ads 平台的重要元件。提供欠佳的搜索結果（不論是由於演算法中的錯誤、或是競爭對手提供了更好的搜尋服務）將損害到廣告業務的收入，所以對 Google 來說，排名演算法是一個核心子領域。

複雜度。易於實行的核心子領域只能提供短暫的競爭優勢。因此，核心子領域自然是複雜的。繼續 Uber 的例子，該公司不僅透過共乘創造了一個新的市場空間，而且透過針對性地利用科技，顛覆了已有數十年之久的龐大計程車行業架構。透過了解其業務領域，Uber 能夠設計出一種更可靠、更透明的交通方式。公司的核心業務應該要有很高的進入門檻（entry barriers），這應該讓競爭對手很難複製或模仿公司的解決方案。

競爭優勢的來源。重要的是要注意，核心子領域不一定是技術性的，並非所有業務問題都透過演算法或其他技術方案解決，一家公司的競爭優勢可以來自各種來源。

例如，想想看一家在線上銷售其產品的珠寶製造商，網路商店很重要，但它不是核心子領域，珠寶設計才是。該公司可以使用既有、現成的線上商店搜尋引擎，但不能外包其珠寶設計，設計是客戶購買珠寶製造商產品並記得品牌的原因。

另一個較複雜的例子，想像一家專門從事手動詐欺偵測（fraud detection）的公司，該公司培訓其分析師檢查有問題的文件並標記可能的詐欺案件，您正在建立分析師使用的軟體系統，它是核心子領域嗎？不是，核心子領域是分析師正在做的工作。您正在建立的系統與詐欺分析無關，它只是顯示文件並追蹤分析師的評論。

核心子領域 vs. 核心領域

核心子領域（core subdomains）也稱為核心領域（core domains）。例如：在最初的領域驅動設計書籍中，Eric Evans 交替使用「核心子領域」和「核心領域」。儘管「核心領域」的術語經常被使用，但出於許多原因，我更喜歡使用「核心子領域」。首先，它是一個子領域，我傾向避免和業務領域混淆。其次，正如您將在第 11 章中學習到的，子領域隨著時間推移而演化並改變它們類型的情況並不少見。例如：核心子領域可以變成通用子領域。因此，說「通用子領域已經演化為核心子領域」比說「通用子領域已經演化為核心領域」更直接。

通用子領域

通用子領域（*Generic subdomains*）是所有公司都以相同方式執行的業務活動。就像核心子領域一樣，通用子領域通常很複雜而且難以實行，但通用子領域卻不會為公司提供任何競爭優勢。這裡不需要創新或最佳化：經過實戰考驗的實踐已經廣為可用，所有公司都在使用它們。

例如，大多數系統需要對其用戶進行身份驗證和授權，與其發明專有的身份驗證機制，不如使用現有的解決方案更為合理。這種解決方案可能更加可靠和安全，因為它已經被許多其他具有相同需求的公司測試過了。

回到珠寶製造商在線上銷售產品的例子，珠寶設計是一個核心子領域，但線上商店是一個通用子領域，使用與其競爭對手相同的線上零售平台——相同的通用解決方案——不會影響珠寶製造商的競爭優勢。

支持子領域

顧名思義，支持子領域（*supporting subdomains*）支持公司的業務。然而，與核心子領域相反，支持子領域並沒有提供任何的競爭優勢。

例如，想想看一家線上廣告公司，其核心子領域包括配對廣告和訪客、最佳化廣告效果，以及最大限度地降低廣告空間的成本。然而，為了在這些領域取得成功，公司需要分類它的創意素材。公司把它的實際創意素材像是橫幅（banners）和登陸頁面（landing pages）儲存並編入索引的方式不會影響利潤，在這個領域沒有什麼可以發明或最佳化的。從另一個角度來看，創意目錄對於實行公司的廣告管理和服務系統而言是不可或缺的。這使得素材編目的解決方案成為公司的支持子領域之一。

支持子領域的顯著特徵是解決方案的業務邏輯複雜度。支持子領域很簡單，它們的業務邏輯主要類似於資料輸入螢幕和 ETL（提取（extract）、轉換（transform）、載入（load））的操作；也就是所謂的 CRUD（新增（create）、讀取（read）、更新（update）、刪除（delete））介面，這些活動區域不會為公司提供任何的競爭優勢，因此不需要很高的進入門檻。

比較子領域

現在我們對這三種類型的業務子領域有了更深入的了解，讓我們從其他角度來探討它們的差異吧，看看它們如何影響戰略性的軟體設計決策。

競爭優勢

只有核心子領域才能為公司提供競爭優勢，核心子領域是公司將自己與競爭對手區別開來的戰略。

根據定義，通用子領域不能成為任何競爭優勢的來源。這些是通用解決方案——公司與其競爭對手使用的相同解決方案。

支持子領域的進入門檻低，也不能提供競爭優勢。通常，公司不會介意競爭對手複製其支持子領域——這不會影響它在行業中的競爭力。相反的，從戰略上說，公司希望其支持子領域是通用的、現成的解決方案，從而消除了設計和建立實踐的需要。您將在第 11 章中詳細了解支持子領域轉變為通用子領域的這類案例，以及其他可能的排列變化。附錄 A 將概述這類情境的真實案例研究。

公司能夠解決的問題越複雜，它可以提供的商業價值就越大。複雜的問題不僅限於向消費者提供服務，一個複雜的問題可以像是使業務更有效率和最佳化，例如提供和競爭對手相同水平的服務，但營運成本較低，這也是一種競爭優勢。

複雜度

從更為技術的角度來看，辨別組織的子領域很重要，因為不同類型的子領域具有不同等級的複雜度，在設計軟體時，我們必須選擇適合業務需求複雜度的工具和技術。因此，辨別子領域對於設計完善的軟體解決方案而言至關重要。

支持子領域的業務邏輯很簡單，這些是基本的 ETL 操作和 CRUD 介面，業務邏輯顯而易見。它通常不會超出驗證輸入，或把資料從一種結構轉換為另一種結構的範圍之外。

通用子領域要更複雜得多，對於其他人為何投入時間和精力來解決這些問題，應該有其充分的理由。這些解決方案既不簡單也不普通，想想看例如加密演算法或身份驗證機制。

從知識可用性的角度來看，通用子領域是「已知的未知（known unknowns）」，這些是您知道自己不知道的事情。除此之外，這些知識很容易獲得，您可以使用業界認可的最佳實踐（industry-accepted best practices），或是如果有需要，聘請專門從事該領域的顧問來幫忙設計客製化的解決方案。

核心子領域很複雜，它們應該讓競爭對手盡可能地難以複製——公司盈利的能力取決於它。這就是為什麼在戰略上，公司指望將複雜的問題作為其核心子領域來解決。

區分核心子領域和支持子領域有時候可能具有挑戰性。複雜度是一個有用的指導原則，詢問正在討論中的子領域是否可以變成副業，有人會自己付錢嗎？如果會，這就是一個核心子領域。類似的推理也適用於區分支持子領域和通用子領域：用您自己的實踐會比整合外部的實踐更簡單、更便宜嗎？如果是，這就是一個支持子領域。

從更為技術的角度來看，重要的是識別複雜度會影響到軟體設計的核心子領域，正如我們前面所討論的，核心子領域不一定與軟體相關。另一個有用的指導原則來識別與軟體相關的核心子領域是評估您必須用程式碼建模和實作的業務邏輯複雜度。業務邏輯是否類似於用於資料輸入的 CRUD 介面，還是您必須實作由複雜業務規則和固定規則（invariants）編排出的複雜演算法或業務流程？前者是支持子領域的標識，後者則是典型的核心子領域。

圖 1-1 中的圖表代表三種類型的子領域在業務差異性和業務邏輯複雜度的相互作用。支持子領域和通用子領域之間的交集是一個灰色區域：它可以走任何一條路。如果支持子領域的功能存在通用解決方案，則生成的子領域類型取決於整合的通用解決方案是否比從頭開始實作功能更簡單和 / 或更便宜。

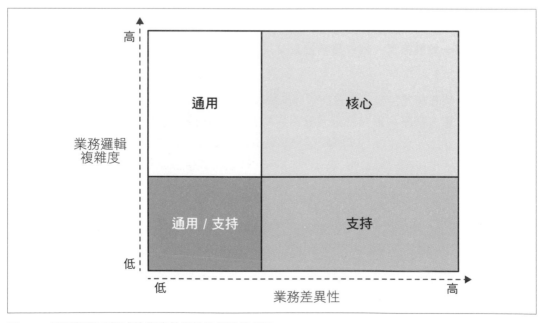

圖 1-1　三種類型子領域的業務差異性和業務複雜度

不穩定性

如前所述,核心子領域可以經常更改。如果一個問題可以在第一次嘗試就解決,它可能不是一個好的競爭優勢——競爭對手很快就會趕上。因此,核心子領域的解決方案應運而生,必須嘗試、改進和最佳化不同的實踐,此外,核心子領域的工作永遠不會完成,公司要不斷創新和發展核心子領域。這些更動以增加新功能或最佳化既有功能的形式出現,不論哪種方式,其核心子領域的不斷發展,對於公司能持續領先競爭對手來說都是不可或缺的。

和核心子領域相反,支持子領域不會經常更動。它們不會為公司提供任何競爭優勢,因此和投入相同的精力在核心子領域上相比,支持子領域的發展提供了微不足道的商業價值。

儘管有既存的解決方案,但通用子領域會隨著時間而更動,這些改變出現的形式可以是安全補丁、錯誤修復,或是對於通用問題的全新解決方案。

解決方案的戰略

核心子領域為公司提供了與業內其他參與者競爭的能力,這是一項關鍵業務的責任,但這是否意味著支持和通用子領域並不重要?當然不是。公司需要所有子領域才能在其業務領域中運行。子領域就像基礎的建構區塊:拿走一個,整個結構可能就會倒塌。儘管如此,我們可以利用不同類型子領域的固有特性來選擇實行的戰略,以最有效的方式實行每種類型的子領域。

核心子領域必須在內部實行,它們不能被購買或採用;這會破壞競爭優勢的概念,因為公司的競爭對手也可以這樣做。

外包核心子領域的實行也是不明智的。這是一項戰略性投資,在核心子領域上走捷徑不僅在短期內是有風險的,而且從長遠來看可能會產生致命的後果:例如不能支持公司目標的不可維護程式碼庫。應該指派組織中最熟練的人才從事其核心子領域的工作,此外,在內部實行核心子領域使公司能夠更快地做出改變和發展解決方案,進而在更短的時間內建立競爭優勢。

由於核心子領域的需求預計會經常不斷地變化,因此解決方案必須可維護且易於發展。因此,核心子領域需要最先進工程技術的實踐。

由於通用子領域很難,但已經解決問題了,因此購買現成的產品或採用開源解決方案,比投入時間和精力在內部實行通用子領域更具成本效益。

避免在內部實行支持子領域是合理的，因為它缺乏競爭優勢，但和通用子領域不同的是，它沒有現成的解決方案可以使用，所以公司別無選擇，只能自己實行支持子領域。儘管如此，業務邏輯的簡單性和更改的頻率很低，因此很容易走捷徑。

支持子領域不需要精細的設計模式或其他先進的工程技術，一個快速的應用程式開發框架將足以實作業務邏輯，而不會引入意外的複雜度。

從人事的角度來看，支持子領域不需要高度熟練的技術能力，並提供了一個很好的機會來培養有潛力的人才，省去您團隊中經驗豐富的工程師，他們熟練於解決核心子領域的複雜挑戰。最後，業務邏輯的簡單性使支持子領域成為外包的良好候選。

表 1-1 總結了三種類型子領域的不同面向。

表 1-1　三種子領域的區別

子領域類型	競爭優勢	複雜度	不穩定性	實行	問題
核心	是	高	高	內部	引人入勝
通用	否	高	低	購買 / 採用	已經解決
支持	否	低	低	內部 / 外包	顯而易見

辨別子領域邊界

正如您已經看到的，在建立軟體解決方案時，辨別子領域及其類型可以極大地幫助您制定出不同的設計決策，在後面的章節中，您將學習到更多利用子領域來簡化軟體設計過程的方法。但是，我們實際上要如何辨別子領域及其邊界呢？

子領域及其類型由公司的業務戰略定義：其業務領域以及它如何區別自己以和同一領域的其他公司競爭。在絕大多數的軟體專案中，子領域以某種方式「已經在那裡了」。然而，這並不表示辨別它們的邊界總是簡單又直接的。如果您向 CEO 索取他們公司子領域的列表，您可能會收到茫然的眼神，他們不知道這個概念。因此，您必須自己進行領域分析以辨別並分類運作中的子領域。

公司的部門和其他組織單位是一個好的起點。例如，線上零售店可能包括倉儲、客戶服務、揀貨、運輸、品質控管和通路管理等部門。然而，這些是相對粗粒度（coarse-grained）的活動領域。以客服部門為例，可以合理地假設它是一個支持，甚至是一個通用的子領域，因為這個功能經常外包給第三方供應商。但是，這些資訊足以讓我們做出合理的軟體設計決策嗎？

精煉子領域

粗粒度的子領域是一個很好的起點，但魔鬼藏在細節裡，我們必須確保不會遺漏了隱藏在錯綜複雜業務功能中的重要資訊。

讓我們回到客服部門的例子，如果我們調查它的內部運作，我們會發現一個典型的客戶服務部門是由更細粒度（finer-grained）的元件（components）組成，例如服務台（help desk）系統、輪班管理和排班、電話系統等。當這些活動被視為單獨的子領域時，它們可以是不同的類型：雖然服務台和電話系統是通用子領域，但輪班管理是支持子領域。而公司可能會開發其獨創的演算法，將事件派送到曾在類似個案中獲得成功的客服人員。

派送演算法需要分析傳入的個案並識別與過去經驗中的相似之處——這兩項都是不普通的任務。由於派送演算法讓公司提供比競爭對手更好的客戶體驗，因此派送演算法是一個核心子領域。這個例子如圖 1-2 所示。

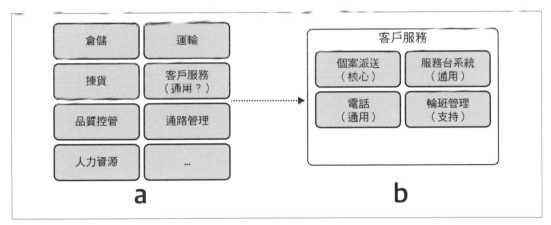

圖 1-2　分析疑似通用子領域的內部運作，以找到更細粒度的核心子領域、支持子領域和兩個通用子領域

從另一方面來看，我們不能無限深入下去，在越來越低的粒度級別上尋找洞察。您應該在什麼時候停下來呢？

把子領域視為連貫的使用案例

從技術的角度來看，子領域類似於一組相互關聯、連貫的使用案例。這樣的使用案例集通常涉及相同的角色、業務實體，並且它們都操作一組密切相關的資料。

考量圖 1-3 所示的信用卡付款閘道（payment gateway）使用案例圖。使用案例與他們正在使用的資料和涉及的角色緊密結合。因此，所有用使用案例都形成了信用卡付款的子領域。

我們可以使用「把子領域視為一組連貫的使用案例」的定義當作何時停止尋找更細粒度子領域的指導原則，這些是子領域最精確的邊界。

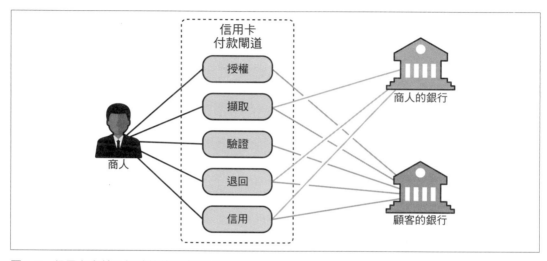

圖 1-3　信用卡支付子領域的使用案例圖

您是否應該持續努力去辨別這種高度聚焦的子領域邊界？對於核心子領域而言，這絕對是必要的。核心子領域是最為重要、不穩定且複雜的。我們必須盡可能地精煉它們，因為這將讓我們提取所有通用和支持功能，並把精力投入到更加聚焦的功能上。

對於支持和通用子領域，精煉可以稍微放鬆些。如果進一步深入下去並沒有揭露任何能幫助您制定出軟體設計決策的新洞察，那麼它可能是一個停下來的好地方。例如，當所有更細粒度的子領域和原始子領域的類型相同時，就會發生這種情況。

考量圖 1-4 中的範例。服務台系統子領域的進一步精煉不太有用，因為它不會揭示任何戰略性資訊，並且將使用粗粒度的現成工具作為解決方案。

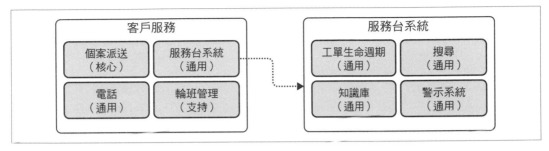

圖 1-4　精煉服務台系統子領域，揭露通用的內部元件

辨別子領域時要考慮的另一個重要問題是：我們是否需要所有子領域。

專注於本質

子領域是一種改善軟體設計決策過程的工具，所有組織都可能擁有相當多，卻與軟體無關的業務功能來推動它們的競爭優勢，在本章前我們討論的珠寶製造商就是一個例子。

在尋找子領域時，重要的是要識別和軟體無關的業務功能，承認它們的存在，並專注於您正著手的軟體系統相關的業務面向。

領域分析範例

來看看我們如何在實踐中應用子領域的概念，並將其用於制定許多戰略設計的決策上。我將描述兩個虛構的公司：Gigmaster 和 BusVNext。作為練習，在閱讀時分析公司的業務領域，嘗試為每家公司辨別三種類型的子領域。請記住，在現實生活中，一些業務需求是隱性的。

免責聲明：當然，我們無法透過閱讀如此簡短的描述來識別每個業務領域所涉及的所有子領域。換句話說，只要訓練您能辨別並分類出可用的子領域就夠了。

Gigmaster

Gigmaster 是一家門票販售和經銷公司，它的行動應用程式分析使用者的音樂庫、串流服務帳戶、社群媒體的個人資料，以找出使用者有興趣參與的鄰近表演。

Gigmaster 的使用者對於他們的隱私有所意識,因此,所有使用者的個人資訊都是加密的。此外,為了確保使用者罪惡的享樂在任何情況下都不會洩露出去,該公司的推薦演算法僅在匿名資料上運作。

為了改進應用程式的推薦,一個新的模組被實作出來了。它允許使用者記錄他們曾出席過的演出,即使門票不是透過 Gigmaster 購買的。

業務領域和子領域

Gigmaster 的業務領域是門票銷售,這就是它為客戶提供的服務。

核心子領域。Gigmaster 的主要競爭優勢是它的推薦引擎,該公司還非常重視使用者的隱私,而且僅在匿名資料上運作。最後,雖然沒有明確提及,但我們可以推論行動應用程式的使用者經驗也相當重要。因此,Gigmaster 的核心子領域是:

- 推薦引擎
- 資料匿名化
- 行動應用程式

通用子領域。我們可以識別並推論出以下通用子領域:

- 加密,用於加密所有資料
- 會計,因為公司從事銷售業務
- 結帳,向客戶收費
- 身份驗證和授權,用於識別它的使用者

支持子領域。最後,以下是支持子領域,這裡的業務邏輯很簡單,類似於 ETL 流程或 CRUD 介面:

- 和音樂串流服務整合
- 和社群網路整合
- 出席演出的模組

設計決策

知道運作中的子領域和它們類型之間的差異後，我們已經可以制定出幾個戰略設計的決策：

- 推薦引擎、資料匿名化和行動應用程式必須在內部實作，並使用最先進的工程工具和技術，這些模組將最常更動。
- 現成或開源的解決方案應該用於資料加密、會計、結帳、認證。
- 與串流服務、社交網路的整合，以及出席演出的模組可以外包。

BusVNext

BusVNext 是一家大眾運輸公司，它旨在為客戶提供舒適的巴士服務，就像坐計程車一樣，該公司在各大城市中管理巴士車隊。

BusVNext 客戶可以透過行動應用程式訂車，在預定的出發時間，附近的巴士路線將即時調整，以便在指定的出發時間接送客戶。

該公司的主要挑戰是實作路線選擇（routing）演算法。它的需求是「旅行推銷員問題（travelling salesman problem）」（*https://oreil.ly/LLHij*）的變形，路線選擇邏輯不斷地調整和最佳化。例如，統計數據顯示取消乘車的主要原因是等待巴士抵達的時間過長。因此，該公司調整了路線選擇演算法以優先考慮快速接客，即使這代表延遲下車。為了進一步最佳化路線選擇，BusVNext 與第三方供應商整合交通狀況和即時警報。

BusVNext 會不定時發布特別折扣，以吸引新客戶並平衡高峰和離峰時段的乘車需求。

業務領域和子領域

BusVNext 為其客戶提供最佳化的巴士乘車服務，業務領域是大眾運輸。

核心子領域。BusVNext 的主要競爭優勢是它的路線選擇演算法，它在解決複雜問題（「旅行推銷員」（traveling salesman））的同時，優先考慮不同的業務目標：例如減少接客時間，即使它會增加整體行程的長度。

我們還看到乘車資料被不斷地分析，以獲取對客戶行為的新洞察。這些洞察讓公司能透過最佳化路線選擇算法來增加利潤。最後，BusVNext 為其客戶及司機提供的應用程式必須容易使用，而且提供便利的使用者介面。

管理車隊並非易事，巴士可能會遇到技術問題或需要維護，忽視這些可能會導致財務損失和服務水準下降。

因此，BusVNext 的核心子領域是：

- 路線選擇
- 分析
- 行動應用程式的使用者經驗
- 車隊管理

通用子領域。路線選擇演算法還使用第三方公司提供的交通數據和警報——通用子領域。此外，BusVNext 接受來自客戶的付款，因此它必須實作會計和結帳功能，BusVNext 的通用子領域是：

- 交通狀況
- 會計
- 計費
- 授權

支持子領域。管理促銷和折扣的模組支持公司的核心業務。儘管如此，它本身並不是核心子領域。它的管理介面類似用於管理有效優惠券代碼的簡單 CRUD 介面。因此，這是一個典型的支持子領域。

設計決策

知道運作中的子領域及它們類型之間的差異，我們已經可以做出一些戰略設計的決策：

- 路線選擇演算法、資料分析、車隊管理，以及應用程式的易用性必須在內部實作，並使用最精密的技術工具和模式。
- 促銷管理模組的實作可以外包。
- 辨別交通狀況、授權使用者，以及管理財務記錄和交易可以交給外部服務的供應商。

誰是領域專家？

現在我們對業務領域和子領域有了清楚的認識，那麼讓我們來看一下，我們將在接下來的章節中經常使用的另一個 DDD 術語：領域專家（*domain experts*）。領域專家是主題內容專家（subject matter experts），他們了解我們將要用程式碼建模和實作的所有複雜業務，換句話說，領域專家是軟體業務領域的知識權威。

領域專家既不是收集需求的分析師，也不是設計系統的工程師，領域專家代表業務，他們是最先發現業務問題的人，是所有業務知識的來源。系統分析師和工程師正在把他們對業務領域的心智模型（mental models）轉化為軟體需求和原始碼（source code）。

根據經驗，領域專家是提出需求的人，或是軟體的終端使用者（end users）。此軟體應該要解決他們的問題。

領域專家的專業知識可以有不同的範圍，一些主題內容專家將會對整體業務領域的運作方式有詳細的了解，而另一些專家則專注於特定的子領域。例如，在線上廣告代理商中，領域專家會是宣傳經理（campaign managers）、媒體採購者（media buyers）、分析師，以及其他的業務利害關係人。

總結

在本章中，我們介紹了用於理解公司業務活動的領域驅動設計工具。如您所見，這一切都始於業務領域：業務營運的區域以及為客戶提供的服務。

您還了解到在業務領域中取得成功，並使公司與競爭對手產生差異所需要的不同建構區塊：

核心子領域

引人入勝的問題。這些是公司表現異於競爭對手的活動，並從中獲得了競爭優勢。

通用子領域

已經解決的問題。這些是所有公司都正以同樣方式做的事情，這裡沒有創新的空間或需求；與其創造內部的實行方案，不如使用現有的解決方案更具成本效益。

支持子領域

有顯而易見解決方案的問題。這些是公司可能必須在內部實行的活動，但不會提供任何競爭優勢。

最後，您了解到領域專家是業務的主題內容專家。他們對公司的業務領域，或是一個或多個子領域有深入的了解，對於專案的成功至關重要。

練習

1. 哪些子領域不提供競爭優勢？
    A. 核心
    B. 通用
    C. 支持
    D. B 和 C

2. 對於哪個子領域，所有競爭對手可能都使用相同的解決方案？
    A. 核心
    B. 通用
    C. 支持
    D. 以上皆非。公司應該持續讓自己與競爭對手產生差異。

3. 預期哪個子領域會最常更動？
    A. 核心
    B. 通用
    C. 支持
    D. 不同子領域類型的不穩定性沒有差異。

考量 WolfDesk（參見前言）的描述，這是一家提供服務台工單管理系統的公司：

4. WolfDesk 的業務領域是什麼？

5. WolfDesk 的核心子領域是什麼？

6. WolfDesk 的支持子領域是什麼？

7. WolfDesk 的通用子領域是什麼？

第二章

發現領域知識

在生產環境中發布出來的不是領域專家的知識，而是開發人員的（錯誤）
理解。

—Alberto Brandolini

在上一章中，我們開始探索業務領域。您學習了如何辨別公司的業務領域或活動區域，並
分析其競爭戰略；這就是它業務子領域的邊界和類型。

本章繼續業務領域分析的主題，但是在不同的維度：深度。這聚焦在子領域內部發生了什
麼事情：業務功能和邏輯。您將學習用於有效溝通和知識共享的領域驅動設計工具：統一
語言（ubiquitous language）。在這裡，我們將用它來學習業務領域的複雜細節。在本書的
後面部分，我們將用它在軟體中建模並實作它們的業務邏輯。

業務問題

我們正在建立的軟體系統是業務問題的解決方案。在這種情況下，問題（*problem*）這個
詞不像一個數學問題或一個您可以解開和完成的謎語。在業務領域的上下文（context）
中，「問題」有更廣大的意義。業務問題可以是和最佳化工作流程和步驟、最小化手動作
業、管理資源、支持決策、管理資料等挑戰有關。

業務問題出現在業務領域和子域領的級別。公司的目標是為客戶的問題提供解決方案。回
到第 1 章中 FedEx 的範例，該公司的客戶需要在限定的時間範圍內配送包裹，因此它最
佳化了配送流程。

子領域是更細粒度（finer-grained）的問題領域，目標是為特定的業務能力（business capabilities）提供解決方案。知識管理的子領域最佳化了儲存和檢索資訊的流程，結帳子領域最佳化了執行金融交易的流程，會計子領域持續追蹤公司的資金。

知識發現

要設計一個有效的軟體解決方案，我們至少要掌握業務領域的基本知識。正如我們在第 1 章中所討論的，這些知識在領域專家身上：他們的工作是專門去理解業務領域中的所有複雜細節。我們絕不應該，也不能夠變成領域專家。儘管如此，了解領域專家並和他們使用相同的業務術語對我們來說至關重要。

為了有所成效，該軟體必須模仿領域專家思考問題的方式 —— 他們的心智模型（mental models）。如果不了解業務問題和需求背後的理由，我們的解決方案將僅限於將業務需求「轉譯」成原始碼（source code）。如果業務需求忽略了關鍵的極端情況（edge case）該怎麼辦？或是未能描述業務概念，進而限制了我們實作模型以支持未來需求的能力？

正如 Alberto Brandolini [1] 所言，軟體開發是一個學習的過程；運作的程式碼是一個附帶結果。軟體專案的成功取決於領域專家和軟體工程師之間知識共享的有效性，我們必須了解問題以解決它。

領域專家和軟體工程師之間有效的知識共享需要有效的溝通，讓我們來看看軟體專案中阻礙有效溝通的常見情況。

溝通

可以肯定地說，幾乎所有的軟體專案都需要利害關係人的協作，包含不同角色：領域專家、產品負責人（product owners）、工程師、UI 和 UX 設計師、專案經理（project managers）、測試人員（testers）、分析師（analysts）等。與任何協作工作一樣，結果取決於各方的合作程度。例如，所有利害關係人是否對正在解決什麼問題有所共識？他們正建立的解決方案——對功能性（functional）和非功能性（nonfunctional）的需求是否持有任何分歧的假設？對於專案的成功，在所有和專案相關的事項上達成共識和一致是不可或缺的。

1　Brandolini, Alberto. (n.d.). *Introducing EventStorming* (*https://www.eventstorming.com/book*). Leanpub.

對於軟體專案為何失敗的研究表明，有效的溝通對於知識共享和專案成功是必要的[2]。儘管它很重要，但在軟體專案中卻很少觀察到有效的溝通。業務人員和工程師之間通常沒有直接的互動，取而代之的是，領域知識從領域專家一路交代下去給工程師，透過扮演中間人或「轉譯者（translators）」角色的人、系統 / 業務分析師、產品負責人和專案經理來傳遞。這種常見的知識共享流程如圖 2-1 所示。

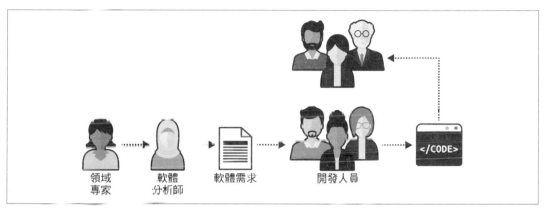

圖 2-1　軟體專案中的知識共享流程

在傳統的軟體開發生命週期中，領域知識被「轉譯」成一種對工程師友善的形式，稱為分析模型（*analysis model*），這是對系統需求的描述，而不是對背後業務領域的理解。雖然出發點可能是好的，但這種中介對知識共享是有害的。在任何的轉譯中，資訊都會丟失；在這種情況下，對於解決業務問題而言，必要的領域知識在傳遞給軟體工程師的過程中會丟失。這種轉譯在典型的軟體專案中不是唯一，分析模型被轉譯成軟體設計模型（被轉譯成實作模型（implementation model）或原始碼本身的軟體設計文件），如同經常發生的那樣，文件很快就會過時，而原始碼被用來把業務領域知識傳達給之後將維護此專案的軟體工程師。圖 2-2 說明了用程式碼實作領域知識所需的不同轉譯。

這樣的軟體開發過程就像是小孩的「傳話遊戲（Telephone）[3]」：訊息或領域知識經常被扭曲，而這些資訊導致軟體工程師實作出錯誤的解決方案，或是正確的解決方案卻對應到錯誤的問題。無論哪種情況，結果都是一樣的：軟體專案的失敗。

2　Sudhakar, Goparaju Purna. (2012). "A Model of Critical Success Factors for Software Projects." *Journal of Enterprise Information Management*, 25(6), 537–558.

3　玩家排成一條線，第一位玩家想出一則訊息，並在第二位玩家耳邊講悄悄話，第二位玩家把訊息複述給第三位玩家，依此類推，最後一位玩家向整個小組宣布他聽到的訊息，然後第一位玩家把最初的訊息與最終版本做比較。儘管目標是傳達相同的訊息，但通常會出現曲解，而且最後一位玩家收到的訊息和最初的訊息有很大的落差。

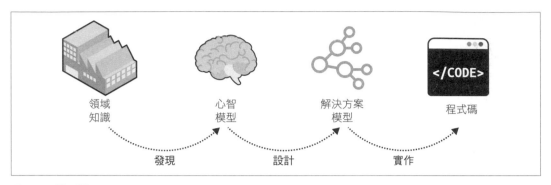

圖 2-2　模型轉譯

領域驅動設計提出了一種更好的方式讓軟體工程師從領域專家獲取知識：透過使用統一語言。

什麼是統一語言？

使用統一語言是領域驅動設計的實踐基礎。這個想法簡單明瞭：如果各方需要有效溝通，不依賴轉譯，他們必須說同一種語言。

儘管這個概念是模稜兩可的常理，但正如伏爾泰所言：「常理並不那麼常見（common sense is not so common）。」傳統的軟體開發生命週期意味著以下轉譯：

- 領域知識轉譯為分析模型

- 模型分析轉譯為需求

- 需求轉譯為系統設計

- 系統設計轉譯為原始碼

並非不斷地轉譯領域知識，領域驅動設計主張發展一個用於描述業務領域的單一語言：統一語言。

所有與專案相關的利害關係人 —— 軟體工程師、產品負責人、領域專家、UI/UX 設計師 —— 在描述業務領域時都應該使用統一語言。最重要的是，在對業務領域進行推論時，領域專家必須能夠熟練地使用統一語言；這種語言將代表業務領域和領域專家的心智模型。

只有透過持續使用統一語言及術語，才能培養專案所有利害關係人之間的共同理解。

業務語言

關鍵是要強調統一語言就是業務語言，正因如此，它應該只包含和業務領域相關的術語，沒有技術行話！向業務領域專家介紹單例（singletons）和抽象工廠（abstract factories）並不是您的目標。統一語言旨在以易於理解的術語建構領域專家對業務領域的理解和心智模型。

情境

假設我們正在開發一個廣告活動的管理系統。想想看以下陳述：

- 廣告活動可以展示不同的創意素材。
- 只有在至少一個展示位置有效時，才能發布活動。
- 銷售傭金在交易被核准之後入帳。

所有這些陳述都是用業務語言制定的。也就是說，它們反映了領域專家對業務領域的看法。

另一方面，以下陳述是完全技術性的，所以不符合統一語言的觀念：

- 廣告 iframe 顯示一個 HTML 文件。
- 在有效的展示位置表中，只有至少一筆相關記錄存在時，才能發布活動。
- 銷售傭金是基於交易與核准銷售表中的相關記錄。

後面的這些陳述純粹是技術性的，領域專家不會清楚這些。如果工程師只熟悉業務領域的這種技術性的、解決方案導向的觀點，在這種情況下，他們將無法完全理解業務邏輯或運作方式的原因，這將會限制他們建模和實作有效解決方案的能力。

一致性

統一語言必須是精確且一致的，它應該避免需要去臆斷，並且應該使業務領域的邏輯明確。

因為歧義阻礙溝通，所以統一語言中的每個術語都應該只有一個含義。讓我們看幾個術語不清楚的例子，以及如何改進它。

模棱兩可的術語

假設在某些業務領域中，*policy* 一詞具有多種含義：它可以表示監管規則（regulatory rule）或保險契約（insurance contract）。確切的含義可以在人與人互動的上下文中得出。然而，軟體並不能很好地處理歧義，並且用程式碼對「policy」這個實體（entity）進行建模可能會很麻煩又具有挑戰性。

統一語言要求每個術語都要是單一的含義，因此「policy」應該使用監管規則和保險契約這兩個術語來明確地建模。

同義詞

在統一語言中，兩個術語不能互換使用。例如，許多系統使用術語使用者（*user*）。然而，仔細檢查領域專家的術語可能會發現使用者和其他術語可能互換使用，例如：使用者（*user*）、訪客（*visitor*）、管理員（*administrator*）、帳戶（*account*）等等。

同義詞剛開始似乎無害，但是在大多數情況下，它們表示不同的概念。在這個例子中，訪客和帳戶在技術上都是指系統的使用者；然而，在大多數的系統中，未註冊和已註冊的使用者代表不同的角色，而且具有不同的行為。例如，「訪客」資料主要是以分析為目的，而「帳戶」則實際使用系統和功能。

最好在特定上下文中明確使用每個術語，了解所用術語之間的差異有助於建立更簡單、更清晰的模型，並實作業務領域的實體。

業務領域模型

現在讓我們從不同的角度來看待統一語言：建模（modeling）。

什麼是模型？

> 模型（*model*）是對事物或現象的簡化表示，它有意強調某些面向而忽略其他面向，是心中有明確用途的抽象化。
>
> —Rebecca Wirfs-Brock

模型不是真實世界的複製品，而是幫助我們明白真實世界系統中人們的構想。

模型的典型例子是地圖。任何地圖都是一個模型，包括導航地圖、地形圖、世界地圖、地鐵圖等，如圖 2-3 所示。

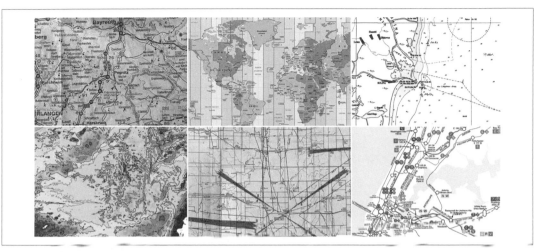

圖 2-3　不同類型的地圖顯示世界的不同模型：道路、時區、航海導航、地形、航空導航、地鐵路線。

這些地圖都不能呈現出我們星球的所有細節。實際上，每張地圖都包含足夠的資料來支持特定的目的：它要解決的問題。

有效建模

所有模型都有一個目的，一個有效的模型只包含實現它目的所需的細節。例如，您不會在世界地圖上看到地鐵站，從另一方面來看，您不能使用地鐵圖來估算距離。每張地圖只包含它應該提供的資訊。

有一點值得重申：有用的模型不是真實世界的複製品，相反的，模型旨在解決問題，它應該為此目的提供足夠的資訊。或是正如統計學家 George Box 所言：「所有的模型都是錯誤的，但有些模型是有用的。」

本質上，模型是一種抽象化。抽象的概念讓我們處理複雜度，透過省略不必要的細節並只留下解決眼前問題所需要的東西。另一方面，無效的抽象化會刪除必要的資訊或透過保留不必要的資訊而產生雜訊。正如 Edsger W. Dijkstra 在他的論文「謙遜的程式設計師（The Humble Programmer）[4]」中指出，抽象化的目的不是模糊不清，而是創造一個可以絕對精確（*absolutely precise*）的全新語義（semantic）層次。

4　Edsger W. Dijkstra, "The Humble Programmer" (*https://oreil.ly/LXd4W*).

為業務領域建模

在發展統一語言時，我們正在有效地建立業務領域的模型。該模型應該捕捉領域專家的心智模型——他們的思維過程，有關業務要如何運作以實踐其功用。該模型必須反映所涉及的業務實體及行為、因果關係、固定規則（invariants）。

我們使用的統一語言不該涵蓋領域中所有可能的細節，這相當於讓每位利害關係人都成為領域專家。實際上，此模型應該包含業務領域中剛好足夠的面向即可，以便實作所需的系統；也就是說，應對軟體打算解決的特定問題。在接下來的章節中，您將看到統一語言如何驅動低階（low-level）的設計和實作決策。

工程團隊和領域專家之間的有效溝通極其重要，這種溝通的重要性隨著業務領域的複雜度而增長。業務領域越複雜，就越難用程式碼建模和實作業務邏輯。即使是對複雜業務領域或潛在原則的些微誤解，也會無意間導致實作容易出現嚴重的錯誤。要驗證業務領域的理解，唯一可靠的方法是和領域專家交談，並使用他們理解的語言：業務語言。

持續努力

統一語言的制定需要和它原本的持有者——領域專家進行互動。只有和真正的領域專家互動才能發現不準確、錯誤的假設，或是對整體業務領域理解上的缺陷。

所有利害關係人都應該在所有與專案相關的溝通中，總是使用統一語言來傳達有關業務領域的知識，並促進對業務領域的共同理解。該語言應該在整個專案中不斷被強化：需求、測試、文件，甚至原始碼本身都應該使用這種語言。

最重要的是，發展統一語言是一個持續性的過程，它應該不斷獲得驗證和演化。隨著時間推移，該語言的日常使用將會揭露對業務領域的更深洞察。當這些突破發生時，統一語言必須演化以跟上新獲得領域知識的腳步。

工具

有些工具和技術可以改善捕捉和管理統一語言的流程。

例如，維基（wiki）可以當成詞彙表（glossary）來使用以捕捉和記錄統一語言。這種詞彙表改善了團隊新進成員的入職流程，因為它是關於業務領域術語資訊的首選之地。

重要的是要讓維護詞彙表成為一項共同的工作，當統一語言發生變化時，應該鼓勵團隊的所有成員繼續更新詞彙表。和集中式的方法相反，這只有團隊領導人或架構師負責維護詞彙表。

儘管維護與專案相關的術語表有顯而易見的好處，但它有先天的限制，詞彙表最適用於「名詞」：實體、流程、角色等的名稱。雖然名詞是重要的，但捕捉行為（behavior）相當關鍵，行為不只是和名詞相關聯的動詞列表，而是實際的業務邏輯及規定、假設和固定規則，要在詞彙表中記錄這些概念困難許多。因此，詞彙表最好結合其他更適合捕捉行為的工具來使用；例如使用案例或 Gherkin 測試。

用 Gherkin 語言（*https://oreil.ly/W.Iw3C*）撰寫的自動化測試不僅是捕捉統一語言的好工具，還是消除領域專家和軟體工程師之間分歧的額外工具。領域專家可以閱讀這些測試並驗證系統的預期行為[5]。例如，請參閱以下用 Gherkin 語言撰寫的測試：

```
Scenario: Notify the agent about a new support case
    Given Vincent Jules submits a new support case saying:
    """
    I need help configuring AWS Intinidash
    """
    When the ticket is assigned to Mr. Wolf
    Then the agent receives a notification about the new ticket
```

管理基於 Gherkin 的測試套件有時候可能具有挑戰性，尤其是在專案的早期階段。然而，對於複雜的業務領域來說，這絕對是值得的。

最後，甚至還有靜態（static）程式碼分析工具可以驗證統一語言術語的用法。這種工具的一個有名例子是 NDepend。

雖然這些工具很有用，但相較於在日常互動中實際用統一語言來說是次要的，使用工具支援統一語言的管理，但不要指望用文件取代實際的使用。正如敏捷宣言（Agile Manifesto）（*https://agilemanifesto.org*）所言：「成員和互動勝於流程和工具。」

挑戰

理論上，發展統一語言聽起來是一個簡單、直接的過程，但實際上並非如此。收集領域知識的唯一可靠方法是和領域專家交談。最重要的知識很常是隱性的，它沒有被記錄或編纂，而只存在於領域專家的腦海之中，存取它的唯一方法是提出問題。

5　但請不要誤以為領域專家會撰寫 Gherkin 測試。

隨著您在此實踐中獲得經驗，您會經常注意到，此過程不僅包含發現既存的知識，還有和領域專家一同建造模型。領域專家自己對業務領域的理解可能含糊不清甚至一片空白；例如，只定義「快樂路徑（happy path）」的情境，而不考慮那些挑戰到公認假設的極端情況（edge cases）。除此之外，您可能還會遇到缺乏明確定義的業務領域概念，提出關於業務領域的本質問題，通常會使這種潛在的分歧和空白變得明確，這對於核心子領域（core subdomains）而言尤其常見。在這種情況下，學習的過程是互相的——您正在幫助領域專家更好地了解他們的領域。

在把領域驅動設計的實踐導入棕地（brownfield）專案時，您會注意到已經形成一種用於描述業務領域的語言，而且利害關係人在使用它。然而，因為 DDD 的原則並不驅動那種語言，所以它並不一定能有效地反映業務領域，例如，它可能使用技術性術語比如資料庫中的資料表名稱。改變組織中已經使用的語言並不容易，在這種情況下，必要的工具就是耐心了。您需要確保在容易掌握的地方：文件和原始碼中，使用正確的語言。

最後，我在會議上經常被問到關於統一語言的問題是：如果公司不在英語系國家，我們應該使用哪種語言？我的建議是至少使用英文名詞來命名業務領域的實體，這將減輕在程式碼中使用相同術語的負擔。

總結

有效溝通和知識共享對於成功的軟體專案而言是不可或缺的，軟體工程師必須了解業務領域才能夠設計並建立軟體解決方案。

領域驅動設計的統一語言是彌合領域專家和軟體工程師之間知識鴻溝的有效工具，它透過發展一種可以被整個專案的所有利害關係人所使用的共享語言來促進溝通和知識共享：在交談、文件、測試、圖表、原始碼等之中。

為了確保有效溝通，統一語言必須消除歧義和潛在的假設，一種語言的所有術語都必須是一致的——沒有歧義的術語，也沒有同義詞。

發展統一語言是一個持續的過程，隨著專案的進展，將有更多的領域知識被發現，把這種洞察反映在統一語言中是相當重要的。

有些工具比如基於維基（wiki）的詞彙表和 Gherkin 測試能大幅地改善記錄及維護統一語言的過程。然而，使統一語言有效的最大前提就是去使用它：在所有和專案相關的溝通中都必須一致地使用這個語言。

練習

1. 誰應該能為統一語言的定義做出貢獻？

    A. 領域專家

    B. 軟體工程師

    C. 終端使用者

    D. 專案的所有利害關係人

2. 應該在哪裡使用統一語言？

    A. 面對面交談

    B. 文件

    C. 程式碼

    D. 以上皆是

3. 請查看在前言中對虛構公司 WolfDesk 的描述，您可以在描述中發現哪些業務領域的術語？

4. 想想看一個您目前正在從事或過去從事過的軟體專案：

    A. 試著提出可以在和領域專家對話中使用的業務領域概念。

    B. 試著識別不一致術語的例子：具有不同含義，或是相同概念但用不同術語來表示的業務領域概念。

    C. 您是否曾遇到因為溝通不良而導致沒效率的軟體開發？

5. 假設您正致力於一個專案，而且您注意到來自不同組織單位的領域專家使用相同的術語（例如：*policy*）來描述業務領域的無關概念。

    這樣產生的統一語言是基於領域專家的心智模型，但是不符合一個術語擁有單一含義的條件。

    在繼續下一章之前，您將如何解決這樣的難題？

第三章

管理領域複雜度

正如您在前一章中看到的，為了確保專案的成功，發展可以用於所有利害關係人，從軟體工程師到領域專家，溝通用的統一語言（ubiquitous language）至關重要，該語言應該反映領域專家對業務領域內部運作和潛在原則的心智模型（mental models）。

由於我們的目標是使用統一語言來驅動軟體設計的決策，所以該語言必須清晰且一致，它應該沒有歧義、潛在的假設，以及無關的細節。然而，在組織的規模下，領域專家本身的心智模型可能並不一致，不同領域專家可以使用相同業務領域中的不同模型，讓我們來看一個範例。

不一致的模型

讓我們回到第 2 章中電話行銷（telemarketing）公司的範例，該公司的行銷（marketing）部門透過線上廣告產生潛在客戶（lead），其銷售（sales）部門負責招攬潛在客戶購買產品或服務，這一連串流程如圖 3-1 所示。

線上廣告　　　　潛在客戶　　　　致電　　　　銷售

圖 3-1　業務領域範例：電話行銷公司

對領域專家的語言檢查揭露了一個獨特的觀察，潛在客戶這個詞在行銷和銷售部門有不同的含義：

行銷部門

　　對行銷人員來說，潛在客戶是以某人對其中一項產品感興趣的通知來表示。潛在客戶是以行銷人員收到他們聯繫方式的事件來認定的。

銷售部門

　　在銷售部門的上下文（context）中，潛在客戶是一個更複雜的實體（entity），它代表了銷售流程的整個生命週期。這不僅僅是一個事件，而是一個長期運行的流程。

對於這家電話行銷公司，我們如何制定統一語言？

一方面，我們知道統一語言必須是一致的——每個術語都應該擁有一個含義，另一方面，我們知道統一語言必須反映領域專家的心智模型。在這種情況下，「潛在客戶」的心智模型在行銷和銷售部門的領域專家之間是不一致的。

這種歧義在私人之間的溝通中並沒有出現太大的挑戰，事實上，來自不同部門人員之間的溝通可能更具挑戰性，但人們很容易從互動的上下文中推論出確切的含義。

然而，在軟體中表示這種分歧的業務領域模型更加困難，原始碼不能很好地處理歧義。如果我們把銷售部門的複雜模型帶進行銷，它會在不必要的地方引入複雜度（complexity）——比行銷人員最佳化廣告活動所需的細節和行為要來得更多。但是，如果我們試著依據行銷的世界觀來簡化銷售模型，它就不能符合銷售子領域的需求，因為它對於管理和最佳化銷售流程來說過於簡化。在第一種情況下，我們有一個針對過度設計（overengineered）問題的解決方案，在第二種情況下則有一個針對設計不足（under-engineered）問題的解決方案。

我們要如何解決這個兩難的局面？

這個問題的傳統解決方案是設計一個能用於所有類型問題的單一模型，這樣的模型會導致跨越所有辦公室牆壁的龐大實體關係圖（entity relationship diagrams，ERDs）。圖 3-2 是一個有效的模型嗎？

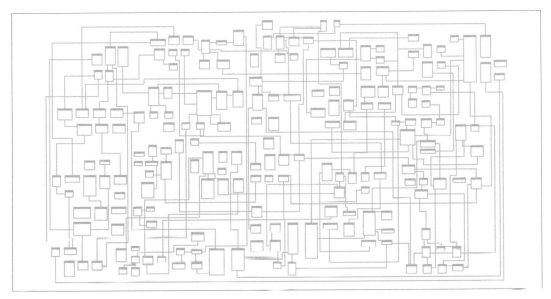

圖 3-2　整個企業的實體關係圖

常言道：「樣樣都會，樣樣不精通。（jack of all trades, master of none.）」，這樣的模型應該能適用於一切情況，但最終收不到任何效果。不管您做什麼，您總是在面對著複雜度：過濾掉無關細節的複雜度、找到什麼是您真正所需的複雜度，以及最重要的——保持資料在一致狀態的複雜度。

另一種解決方案是在有問題的術語上增加上下文所定義的前綴（prefix）：「行銷的潛在客戶」和「銷售的潛在客戶」，這讓您能用程式碼實作這兩個模型。然而，這種方法有兩個主要缺點，第一，它會導致認知負荷（cognitive load），每個模型應該在什麼時候使用？互相分歧的模型在實作上越緊密，就越容易出錯。第二，模型的實作不會和統一語言保持一致。沒有人會在交談中使用前綴，人們不需要這些額外的資訊；他們可以依靠交談的上下文。

讓我們轉向解決這類情境的領域驅動設計（domain-driven design）模式：限界上下文（bounded context）模式。

什麼是限界上下文？

領域驅動設計中的解決方案是平凡的：把統一語言分成多個較小的語言，然後將每個語言指定給可以應用它的明確上下文：其限界上下文。

在前面的範例中，我們可以識別出兩個限界上下文：行銷和銷售。如圖 3-3 所示，潛在客戶一詞存在於兩個限界上下文中。只要它在每個限界上下文中具有單一含義，每個細粒度（fine-grained）的統一語言就會是一致的，而且遵循領域專家的心智模型。

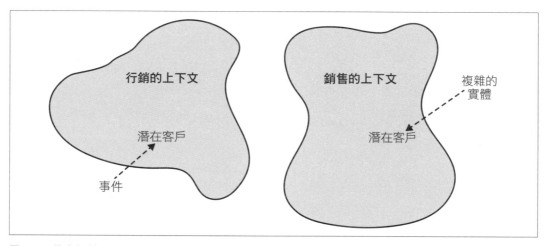

圖 3-3　藉由把統一語言分成限界上下文來解決統一語言中的不一致性

就某種意義上來說，術語的分歧和潛在的上下文是任何具相當規模業務的固有部分。有了限界上下文的模式，上下文被建模為業務領域中明確且不可缺少的部分。

模型邊界

正如我們在前一章中所討論的，模型不是真實世界的複製品，而是幫助我們明白複雜系統的一種構想，它應該解決的問題是模型與生俱來的部分——它的目的。模型沒有邊界的話無法存在，要不然它就會擴展成真實世界的複製品，這使得定義模型的邊界——它的限界上下文——成為建模過程的根本部分。

讓我們回到以地圖作為模型的例子，我們看到每張地圖都有其特定的上下文——航空、航海、地形、地鐵等等，地圖只有在其特定目的範圍內才有用且一致。

就像地鐵圖對航海導航毫無用處一樣，統一語言在一個限界上下文中可能和另一個限界上下文的範圍完全無關。限界上下文定義了統一語言及其模型表示的適用性，它們允許根據不同的問題領域定義獨特的模型。換句話說，限界上下文是統一語言的一致性邊界，語言的術語、原則、業務規則只有在其限界上下文內是一致的。

完善統一語言

限界上下文讓我們完成統一語言的定義。就統一語言的意義來說，統一語言應該在整個組織中「統一地」被使用和應用，但是統一語言並非「統一」，也不通用。

事實上，統一語言只有在其限界上下文的邊界內統一，該語言僅專注於描述限界上下文包含的模型。由於模型不能沒有它應解決的問題而存在，所以如果模型沒有其適用性的明確上下文，就無法定義並使用統一語言。

限界上下文的範圍

本章一開頭的範例展示了業務領域固有的邊界，不同領域專家對同一業務實體持有分歧的心智模型。為了對業務領域進行建模，我們必須劃分模型並為每個細粒度模型定義嚴格的適用性上下文——它的限界上下文。

統一語言的一致性只對識別該語言的最寬邊界有所幫助，它不能更大，因為這樣會有不一致的模型和術語。但是，我們仍然可以把模型進一步分解為較小的限界上下文，如圖 3-4 所示。

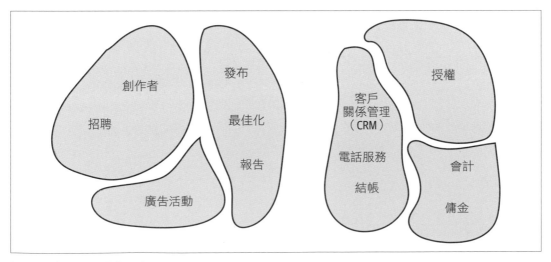

圖 3-4　較小的限界上下文

定義統一語言的範圍——它的限界上下文——是一個戰略設計的決策。邊界可以很寬，遵循業務領域固有的上下文；也可以很窄，進一步將業務領域劃分成較小的問題領域。

限界上下文的大小本身並不是決定性的因素，模型不一定要大，也不一定要小，而是需要有用。統一語言的邊界越寬，就越難保持一致。將大型的統一語言劃分為較小、較易於管理的問題領域可能是有益的，但努力追求小的限界上下文也可能適得其反，它們越小，設計所導致的整體開銷就越大。

因此，限界上下文的大小應該取決於具體的問題領域，有時候使用較寬的邊界會更清晰，但在其他時候，進一步分解它則會更為合理。

從一個較大的上下文中提取更細粒度的限界上下文有其理由，包括組建新的軟體工程團隊，或是解決系統的一些非功能性需求；例如，您要把一開始就存在於單一限界上下文中某些元件的開發生命週期（lifecycles）分開時。提取一個功能有另一個常見的理由，就是讓它能夠獨立於限界上下文中的其餘功能，並擴展此功能。

因此，保持您的模型有用，並使限界上下文的大小和您的業務需求、組織限制保持一致。有件事需要注意，要是把連貫的功能分成多個限界上下文，這種區分將會阻礙獨立發展每個上下文的能力。事實上，相同的業務需求和更改將會同時影響到這些限界上下文，並且需要同時部署這些更改。為了避免這種無效的分解，請使用我們在第 1 章中討論的經驗法則來找出子領域：識別對相同資料進行操作的連貫使用案例集，並避免將它們分解為多個限界上下文。

在第 8 章和第 10 章我們將進一步討論的主題是：不斷最佳化限界上下文的邊界。

限界上下文 vs. 子領域

在第 2 章中，我們看到一個業務領域是由多個子領域所組成。目前在這章中，我們探討了將業務領域分解為一組細粒度問題領域或限界上下文的概念。一剛開始，這兩種分解業務領域的方法似乎是多餘的，但是事實並非如此。讓我們來檢視一下為何這兩種邊界我們都需要。

子領域

為了理解公司的業務戰略，我們必須分析它的業務領域。根據領域驅動設計的方法，分析階段包含辨別不同的子領域（核心（core）、支持（supporting）、通用（generic）），這就是組織如何運作並規劃其競爭戰略的方式。

正如您在第 1 章中學習到的，子領域類似於一組互相關聯的使用案例，而使用案例是由業務領域和系統需求所定義。作為軟體工程師，我們不定義需求；那是業務的責任，事實上，我們分析業務領域以辨別子領域。

限界上下文

另一方面，限界上下文是被設計出來的，選擇模型的邊界是一種戰略設計的決策，我們決定要如何把業務領域劃分為較小、可管理的問題領域。

子領域和限界上下文之間的相互作用

理論上來說，儘管不切實際，但是單個模型可以橫跨整個業務領域，這種戰略適用於小型系統，如圖 3-5 所示。

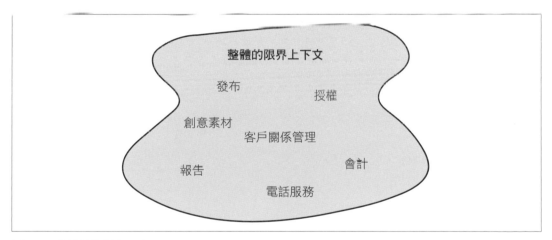

圖 3-5　整體的限界上下文

當出現分歧的模型時，我們可以遵循領域專家的心智模型，將系統分解為限界上下文，如圖 3-6 所示。

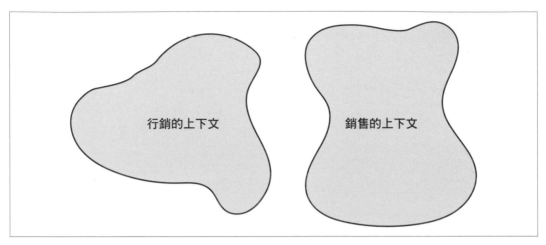

圖 3-6　由統一語言的一致性驅動的限界上下文

如果模型仍然很大而且難以維護，我們甚至可以把它們分解為更小的限界上下文；例如透過讓每個子領域擁有一個限界上下文，如圖 3-7 所示。

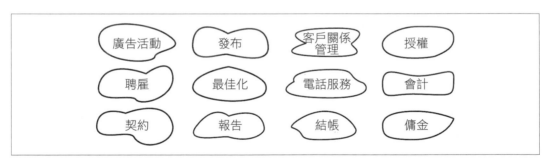

圖 3-7　限界上下文和子領域的邊界一致

不論哪種方式都是一個設計上的決策，我們設計這些邊界以作為解決方案的一部分。

在一些情境下，限界上下文和子領域的一對一對應關係可以完全是合理的。然而在其他的情境下，不同的分解戰略可能更為合適。

關鍵的是要記住，子領域是被發現的，而限界上下文是被設計的 [1]，子領域由業務戰略所定義，但是我們可以設計軟體解決方案和它的限界上下文，以解決特定專案的上下文和限制。

最後，正如您在第 1 章中學習到的，模型是為了解決特定問題。在一些情況下，使用相同概念的多個模型可能有益於同時解決不同的問題，正如不同種地圖提供了關於我們星球不同類型的資訊，所以使用相同子領域的不同模型來解決不同問題也許是合理的。把設計限制在限界上下文之間的一對一關係會阻礙這種彈性，並迫使我們在子領域的限界上下文中使用它的單一模型。

邊界

正如 Ruth Malan 所言，架構設計本質上是與邊界有關的：

> 架構設計是系統設計，系統設計是上下文設計——它本質上是和邊界（什麼在內、什麼在外、什麼橫跨，什麼在之間移動）及權衡（*trade-offs*）有關，它重塑了什麼是外部，就如同它形塑了什麼是內部一樣 [2]。

限界上下文的模式是領域驅動設計用於定義實體（physical）和所有權（ownership）邊界的工具。

實體邊界

限界上下文不僅用作於模型邊界，還用作於實作限界上下文系統的實體邊界。每個限界上下文都應該當作個別的服務 / 專案來實作，這代表它的實作、發展，以及版本控制是獨立於其他的限界上下文。

限界上下文之間清晰的實體邊界，讓我們能用最適合它需求的技術堆疊（technology stack）來實作每個限界上下文。

正如我們之前討論的，限界上下文可以包含多個子領域。在這種情況下，限界上下文是一個實體邊界，而它的每個子領域都是一個邏輯邊界。邏輯邊界在不同的程式語言中有不同的名稱：命名空間（namespaces）、模組（modules），或是套件（packages）。

---

1 這裡有個值得一提的例外。取決於您工作的組織，您可能身兼兩職，同時負責軟體工程和業務開發，所以您有能力影響軟體設計（限界上下文）和業務戰略（子領域）。因此，在我們這裡討論的（限界）上下文中，我們只專注於軟體工程。

2 Bredemeyer Consulting, "What Is Software Architecture." 擷取自 2021 年 9 月 22 日，*https://www.bredemeyer.com/who.htm*

所有權邊界

研究顯示：一籬間隔，友誼常青（good fences do indeed make good neighbors）。在軟體專案中，為了團隊的和平共處，我們可以利用模型邊界——限界上下文。團隊之間的分工合作是另一個戰略決策，可以使用限界上下文的模式來制定。

限界上下文應該僅由一個團隊來實作、發展和維護，沒有兩個團隊可以在同一個限界上下文中工作。這種分隔消除了團隊可能對彼此模型做出的潛在假設。事實上，他們必須定義溝通協定（protocols）以明確地整合他們的模型和系統。

重要的是要注意，團隊和限界上下文之間的關係是單向的：限界上下文應該只歸屬於一個團隊，但是一個團隊可以擁有多個限界上下文，如圖 3-8 所示。

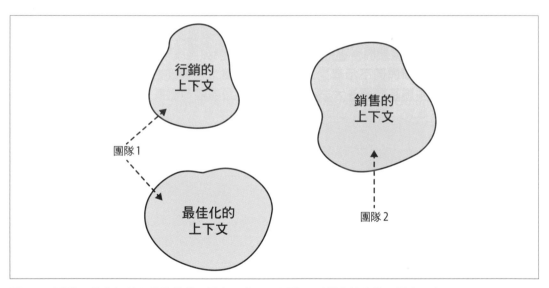

圖 3-8　團隊 1 從事行銷和最佳化的限界上下文，而團隊 2 則從事銷售的限界上下文

真實生活中的限界上下文

在我一個領域驅動設計的課程中，一位參與者曾經提出：「您說 DDD 是關於保持軟體設計與業務領域的一致。但是真實生活中的限界上下文在哪裡呢？業務領域中沒有限界上下文。」

事實上，限界上下文並不像業務領域和子領域那樣顯而易見，但它們就在那裡，就像領域專家的心智模型一樣，您只需要意識到領域專家如何看待不同的業務實體和流程。

我想透過討論一些例子來結束這一章，這些例子顯示出當我們在軟體中對業務領域進行建模時，不僅存在著限界上下文，而且在不同上下文中使用不同模型的概念在生活中普遍存在。

語義領域

可以這麼說，領域驅動設計的限界上下文是基於語義領域（semantic domains）的詞典編纂（lexicographical）（*https://oreil.ly/ugv75*）概念。語義領域被定義為一個意義的區域以及用來談論它的單詞。例如，顯示器（*monitor*）、埠（*port*）、處理器（*processor*）這幾個單詞在軟體和硬體工程的語義領域中具有不同的含義。

不同語義領域中，一個相當獨特的例子是番茄這個詞的含義。

根據植物學的定義，植物是以水果的方式來傳播種子，果實應該從植物的花中長出來，並且至少結出一粒種子。另一方面，蔬菜是一個通用的術語，包括植物其他的所有可食用部分：根、莖、葉。根據這個定義，番茄是一種水果。

然而，這個定義在烹飪術的上下文中幾乎沒用。在這個上下文中，水果和蔬菜是根據它們的風味特徵來定義的。水果質地柔軟、或甜或酸、可以生吃，而蔬菜質地較硬、味道較淡、通常需要烹飪。根據這個定義，番茄是一種蔬菜。

因此，在植物學的限界上下文中，番茄是一種水果，而在烹飪術的限界上下文中，它是一種蔬菜。但這還不是全部。

1883 年，美國對蔬菜進口徵收了 10% 的稅，但對水果不徵收。番茄以水果的植物學定義讓它進口到美國時不需要繳進口稅，為了防堵這個漏洞，1893 年美國最高法院做出了將番茄歸類為蔬菜的決定。因此，在稅收的限界上下文中，番茄是一種蔬菜。

此外，如我的朋友 Romeu Moura 所言，在戲劇表演的限界上下文中，番茄指的是一種回饋機制。

科學

正如歷史學家 Yuval Noah Harari 所言，「科學家們普遍認同，沒有任何理論是 100% 完全正確的，因此，真正對知識的檢驗不是正確性，而是效用。」換句話說，沒有任何科學理論在所有情況之下都是正確的，不同的理論是在不同的上下文中才有用。

這個觀念可以透過艾薩克‧牛頓（Sir Isaac Newton）和阿爾伯特‧愛因斯坦（Albert Einstein）提出的不同重力模型來表明。根據牛頓運動定律，空間和時間是絕對的，它們是物體運動發生的平台。在愛因斯坦的相對論中，空間和時間不再是絕對的，而是對不同的觀察者來說是不同的。

儘管這兩個模型可以被視為對立的，但兩者都在它們適合的（限界）上下文中很有用。

買冰箱

最後，讓我們看一個較世俗、現實生活中的限界上下文例子。您在圖 3-9 中看到了什麼？

圖 3-9　一張紙板

這只是一張紙板嗎？不，它是個模型。這是西門子（Siemens）KG86NAI31L 冰箱的模型。如果您查看一下，您可能會說這張紙板看起來並不像那款冰箱，它沒有門，甚至顏色也不同。

雖然您說的是事實，但沒關係。正如我們所討論的，模型不應該複製真實世界的實體。相反的，它應該有一個目的——它應該解決的問題。因此，關於紙板要問的正確問題是，這個模型解決了什麼問題？

在我們的公寓裡，我們沒有一個進入廚房的標準入口，紙板被精確地切割成冰箱寬度和深度的大小。它要解決的問題是檢查冰箱是否可以通過廚房的門（見圖 3-10）。

圖 3-10　廚房門口的紙板模型

儘管紙板看起來並不像冰箱，但當我們必須決定要購買這種型號或是選擇較小型號時，它被證明非常有用。同樣的，所有模型都是錯誤的，但有些模型是有用的。建立冰箱的 3D 模型絕對是一個有趣的專案，但它會比紙板更有效地解決問題嗎？不會。如果紙板適合，3D 模型也適合，反之亦然。在軟體工程的術語中，建立冰箱的 3D 模型會是個令人不快的過度設計。

那麼冰箱的高度呢？如果底座適合，但冰箱太高而無法進入門口該怎麼辦？這可以證實黏出一個冰箱的 3D 模型是合理的嗎？不行。用一個簡單的捲尺來測量門口的高度可以更快、更輕鬆地解決問題。捲尺在這個情況下是什麼呢？是另一個簡單的模型。

因此，我們最終得到了同一個冰箱的兩個模型。當使用這兩個模型，每個模型都針對它的特定任務做了最佳化，這反映了 DDD 對業務領域建模的方法。每個模型都有嚴格的限界上下文：證明冰箱底座是否可以通過廚房入口的紙板，以及證明冰箱沒有太高的捲尺。模型應該省略與手上任務無關的多餘資訊。此外，如果多個更簡單的模型可以單獨、有效地解決每個問題，就不需要設計複雜的萬事通模型。

我在 Twitter（*https://oreil.ly/rqnEy*）上發布這個故事幾天後，我收到了一則回覆說，與其擺弄紙板，可以用附有雷射雷達（LiDAR）掃描儀和擴增實境（augmented reality，AR）的手機應用程式就好了。讓我們從領域驅動設計的角度來分析這個建議。

評論的作者說這是其他人已經解決的問題，而且解決方案是現成的。不用說，掃描技術和 AR 應用都很複雜。在 DDD 的術語中，這使檢查冰箱是否適合通過門口的問題成為一個通用子領域。

總結

每當我們遇到領域專家的心智模型中有固有的分歧時，我們必須把統一語言分解為多個限界上下文，統一語言應該在限界上下文的範圍內保持一致。但是，限界上下文之間相同的術語可能具有不同的含義。

當子領域被發現時，限界上下文也被設計。把領域劃分為限界上下文是一項戰略設計的決策。

一個限界上下文及其統一語言可以由一個團隊來實作和維護，沒有兩個團隊能在同一個限界上下文中共享這份工作，但是一個團隊可以從事多個限界上下文。

限界上下文將系統分解為實體元件——服務、子系統等等。每個限界上下文的生命週期都和其餘的限界上下文分離，每個限界上下文都可以獨立於系統的其餘部分發展。然而，限界上下文必須一起運作才能形成一個系統，某些更改會在無意間影響到另一個限界上下文。在下一章中，我們將討論整合限界上下文的不同模式，這些模式可用於保護它們免受級聯（cascading）更改的影響。

練習

1. 子領域和限界上下文有什麼差異？
   A. 子領域是被設計的，而限界上下文被發現。
   B. 限界上下文是被設計的，而子領域是被發現的。
   C. 限界上下文和子領域本質上是相同的。
   D. 以上皆非。

2. 限界上下文是以下何者的邊界：

   A. 一個模型

   B. 一個生命週期

   C. 所有權

   D. 以上皆是

3. 關於限界上下文的大小，下列何者是正確的？

   A. 限界上下文越小，系統越彈性。

   B. 限界上下文應該總是和子領域的邊界保持一致。

   C. 限界上下文越寬越好。

   D. 視情況而定。

4. 關於限界上下文的團隊所有權，下列何者是正確的？

   A. 多個團隊可以在同一個限界上下文中工作。

   B. 一個團隊可以擁有多個限界上下文。

   C. 限界上下文只能由一個團隊擁有。

   D. B 和 C 是正確的。

5. 查看前言中 WolfDesk 公司的範例，並試著識別哪些系統功能可能需要不同的客服工單（support ticket）模型。

6. 除了本章中描述的例子之外，試著在真實生活中找到限界上下文的例子。

第四章

整合限界上下文

限界上下文（bounded context）的模式不僅可以保護統一語言的一致性，還可以實現建模，但如果不明確地指出模型的目的——其邊界，就無法建立模型。邊界劃分了語言的職責，一個限界上下文中的語言可以對業務領域進行建模以解決一個特定的問題，另一個限界上下文可以表示相同的業務實體（entities），但對它們進行建模以解決不同的問題。

除此之外，不同限界上下文中的模型可以獨立發展和實作，儘管如此，限界上下文本身並不是獨立的。正如一個系統不能由獨立的元件構成——這些元件必須彼此互動才能達成系統的總體目標——同樣的，在限界上下文中實作也是如此，雖然它們可以獨立發展，但它們必須互相整合。因此，限界上下文之間總會有接觸點，這些被稱為契約（contracts）。

對契約的需求源自限界上下文模型和語言的差異。由於每份契約影響的不只一方，所以它們需要被定義和協調。此外，根據定義，兩個限界上下文使用不同的統一語言，哪種語言將用於整合的目的？解決方案的設計應該評估並解決這些整合的問題。

在本章中，您將學習用來定義限界上下文之間關係和整合的領域驅動設計（domain-driven design）模式，這些模式由在限界上下文中工作的團隊之間的協作本質所驅動。我們將模式分為三組，每組代表一種團隊協作：合作（cooperation）、客戶－供應商（customer-supplier）、各行其道（separate ways）。

合作

合作模式和溝通良好的團隊所實作的限界上下文有關。

在最簡單的情況下，這些是由單個團隊實作的限界上下文。這也適用於目標互相依賴的團隊，其中一個團隊的成功取決於另一個團隊的成功，反之亦然。同樣的，這裡的主要準則是團隊溝通和協作的品質。

讓我們來看一下適用於合作團隊的兩種 DDD 模式：合夥關係（partnership）和共享核心（shared kernel）模式。

合夥關係

在合夥關係的模式中，限界上下文之間的整合以專門的方式做協調。第一個團隊可以通知第二個團隊有關 API 的更改，第二個團隊將合作並適應 —— 沒有插曲或衝突（見圖 4-1）。

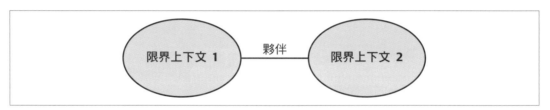

圖 4-1 合夥關係的模式

這裡的整合協調是雙向的，沒有一個團隊規定用於定義契約的語言。團隊可以找出差異並選擇最適合的解決方案。此外，雙方合作來解決任何可能出現的整合問題，沒有團隊有興趣去妨礙另一個團隊。

要以這種方式成功整合，需要完善的協作實踐、高水準的承諾，以及團隊之間的頻繁同步。從技術的角度來看，需要對兩個團隊採用的更改做持續整合以進一步最小化整合的回饋迴路（feedback loop）。

這種模式可能不適合分隔兩地的團隊，因為可能會出現同步和溝通的挑戰。

共享核心

儘管限界上下文是模型的邊界，但仍可能有一個子領域或它其中一部分的相同模型在多個限界上下文中實作的情況。有必要強調共享模型是根據所有限界上下文的需求設計的。此外，共享模型必須在所有使用它的限界上下文中保持一致。

例如，想想看一個用特製模型來管理使用者權限的企業系統，每位使用者都可以直接授予他們自己權限，也可以從他們所屬的組織單位繼承權限。此外，每個限界上下文都可以修改授權的模型，每個限界上下文採用的更改必須要影響到使用該模型的其他所有限界上下文（見圖 4-2）。

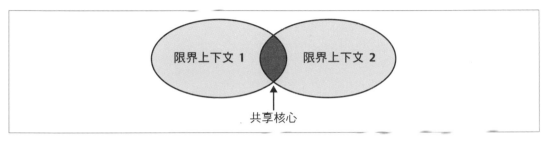

圖 4-2　共享核心

共享範圍

重疊的模型耦合（couples）了參與其中限界上下文的生命週期，對共享模型做的更改會立即對所有限界上下文產生影響。因此，為了最小化更改的級聯效應（cascading effects），應該對重疊的模型加以限制，只揭露模型中必須由兩個限界上下文實作的部分。理想上，共享核心將只會包含打算跨越限界上下文邊界傳遞的整合契約和資料結構。

實作

實作共享核心使得對其原始碼做的任何修改，都會立即反映在使用它的所有限界上下文中。

如果組織使用單一儲存庫（mono-repository）的方法，則這些可以是被多個限界上下文參考的相同來源文件。如果無法使用共享的儲存庫，則可以把共享核心提取到專用的專案之中，並在限界上下文中當作連結的函示庫（library）來參考。無論哪種方式，共享核心的每次更改都必須觸發所有受影響限界上下文的整合測試。

由於共享核心歸屬於多個限界上下文，因此需要對更改做持續整合。若不把共享核心的更改傳遞給所有相關的限界上下文，將會導致模型中的不一致：限界上下文可能依賴於共享核心的老舊實作，進而導致資料毀損和／或運行時的問題。

何時使用共享核心

共享核心模式的首要適用標準是複製的成本對比於協調的成本。由於該模式在參與的限界上下文之間引入了高度的依賴關係，因此只有在複製的成本高於協調的成本時才應該應用它——換句話說，只有在兩個限界上下文都要採用共享模型整合的更改時，才會比協調共享程式碼庫（codebase）中的更改更費力。

整合和複製的成本之間的差異取決於模型的不穩定性。更改越頻繁，整合的成本就越高，因此，共享核心自然會應用於更改最多的子領域：核心子領域（core subdomains）。

就某種意義上來說，共享核心模式與上一章介紹的限界上下文原則互相抵觸。如果參與的限界上下文不是由同一個團隊實作的，那麼導入共享核心就和單一團隊應該擁有一個限界上下文的原則互相抵觸。重疊的模型——共享核心——實際上是由多個團隊開發的。

這就是為何使用共享核心的理由必須被證明。這是一個應該仔細考量的實際例外，實作共享核心的一個常見使用案例是：當溝通或協作問題阻礙了實行合夥關係的模式時——例如，由於地理限制或組織政治，在沒有適當協調的情況下實作密切相關的功能將導致整合問題、不同步的模型，以及關於哪個模型設計得更好的爭論。最小化共享核心的範圍可以控制級聯更改的範圍，並為每個更改觸發整合測試，這是一種在早期強制檢測整合問題的方法。

應用共享核心模式的另一個常見使用案例是舊有系統（legacy system）的逐步現代化，儘管是一個暫時的模式。在這種情況下，共享程式碼庫可以成為一種實用的折衷解決方案，用於逐漸將系統分解為限界上下文。

最後，共享核心非常適合整合由同一團隊擁有並實作的限界上下文。在這種情況下，限界上下文的臨時性整合——合夥關係——可以隨著時間的推移「清洗出」上下文的邊界，共享核心可用於明確地定義限界上下文的整合契約。

客戶－供應商

我們將檢視的第二組協作模式是客戶－供應商的模式。如圖 4-3 所示，其中一個限界上下文——供應商——為其客戶提供服務。服務供應商是「上游」，客戶或消費者是「下游」。

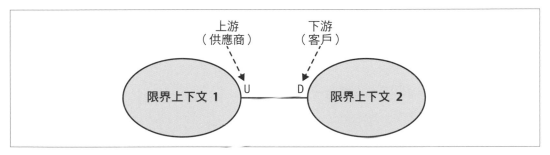

圖 4-3　客戶－供應商的關係

與合作的案例不同，兩個團隊（上游和下游）都可以獨自成功。因此，在大多數的情況下，我們有權力上的不平衡：上游或下游團隊都可以決定整合的契約。

本節將討論解決這種權力差異的二種模式；追隨者（conformist）、防腐層（anticorruption layer）、開放主機服務（open-host service）的模式。

追隨者

某些情況下，權力的平衡傾向於上游團隊，他們沒有真正的動機去支持客戶的需求。事實上，上游團隊只提供根據自己模型定義的整合契約——要就要，不要就算了。這種權力不平衡可能是來自和組織外部的服務供應商的整合，或僅是組織的政治所造成的。

如果下游團隊可以接受上游團隊的模型，則限界上下文的關係稱為追隨者。下游符合上游限界上下文的模型，如圖 4-4 所示。

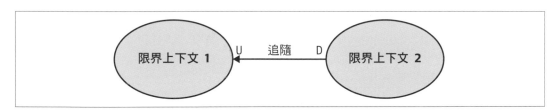

圖 4-4　追隨者的關係

下游團隊放棄部分自主權的決策能以多種方式證實其合理性。例如，上游團隊揭露的契約可能是業界標準的、成熟的模型，也可能只是夠滿足下游團隊的需求。

下一個模式解決了客戶不願意接受供應商模型的情況。

防腐層

和在追隨者模式中一樣，這種關係在權力的平衡上仍傾向於上游服務。然而，在這種情況下，下游的限界上下文不願意追隨，事實上，它可以透過防腐層將上游限界上下文的模型轉譯為符合它自己需求的模型，如圖 4-5 所示。

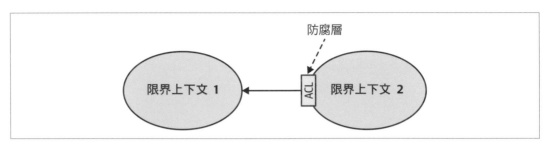

圖 4-5　透過防腐層進行整合

防腐層模式解決了不希望或不值得努力來追隨供應商模型的情況，如下：

當下游限界上下文包含核心子領域時

核心子領域的模型需要格外注意，固守供應商的模型可能會阻礙問題領域的建模。

當上游模型對客戶的需求而言沒效率或不方便時

如果限界上下文追隨了混亂，它本身就有變得混亂的風險，和舊有系統整合時常會出現這種情況。

供應商的契約經常更改時

客戶希望保護其模型免受頻繁更改的影響。有了防腐層，供應商模型的更改就只會影響到轉譯的機制。

從建模的角度來看，供應商模型的轉譯把下游客戶以及和其限界上下文無關的外來概念獨立開來，因此，這簡化了客戶的統一語言和模型。

在第 9 章中，我們將會探討實作防腐層的不同方法。

開放主機服務

這種模式解決了權力傾向客戶的情況，供應商關注於保護客戶，並盡可能地提供最好的服務。

為了保護客戶免受到實作模型更改的影響，上游供應商解耦（decouples）了實作模型和公開介面（public interface），這種解耦讓供應商以不同的速度發展其實作和公開模型，如圖 4-6 所示。

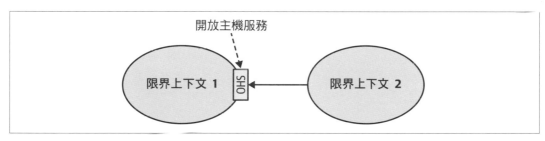

圖 4-6　透過開放主機服務來整合

供應商的公開介面並不打算追隨它的統一語言，而是揭露一種方便客戶使用的協定（protocol），以整合導向的語言來表示。因此，公開協定稱為釋出語言（*published language*）。

就某種意義上說，開放主機服務模式是防腐層模式的相反：不是客戶，而是供應商實作其內部模型的轉譯。

解耦限界上下文的實作和整合模型，使上游的限界上下文可以自由地發展其實作，而不會影響到下游的上下文。當然，只有在修改後的實作模型可以轉譯成客戶已使用的釋出語言才有可能。

除此之外，整合模型的解耦讓上游的限界上下文能同時揭露多個版本的釋出語言，並讓客戶逐漸遷移到新版本（見圖 4-7）。

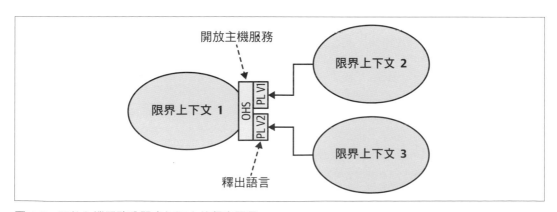

圖 4-7　開放主機服務公開多個版本的釋出語言

各行其道

最後的協作選項是根本不協作。在團隊不願意或無法協作的情況下，這種模式可能有不同的起因，我們會在這查看其中的一些原因。

溝通問題

避免協作的一個常見原因是由於組織的規模或是內部政治帶來的溝通困難。當團隊難以協作及達成共識時，各行其道並在多個限界上下文中複製功能可能更具成本效益。

通用子領域

重複子領域的性質也可能是團隊各行其道的原因。當有問題的子領域是通用（generic）時，而且通用解決方案易於整合時，在本地（locally）每個限界上下文中整合它可能更具成本效益，有個例子是日誌框架（logging framework）；把其中一個限界上下文當成服務來揭露不太合理，整合這類解決方案所增加的複雜度超過不在多個上下文中複製功能的益處，複製功能的成本會比協作更低。

模型差異

限界上下文的模型差異也可能是採用各行其道協作的原因。模型可能非常不同，以至於不可能建立一個追隨者的關係，而且實作防腐層會比複製功能的成本更高。在這種情況下，團隊各行其道同樣更具成本效益。

> 在整合核心子領域時，應該避免各行其道的模式。複製這種子領域的實行違背了公司以最有效和最佳化的方式來實行它們的戰略。

上下文映射

在分析了系統限界上下文之間的整合模式後，我們可以將它們繪製在上下文映射（context map）上，如圖 4-8 所示。

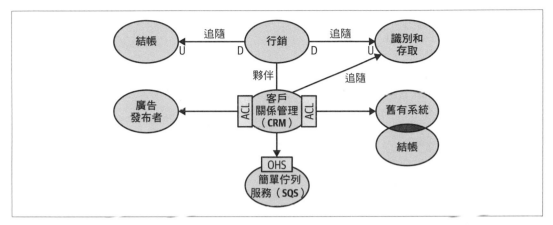

圖 4-8　上下文映射

上下文映射是系統限界上下文和它們之間整合的視覺表示，這種視覺符號在多個層面上提供了寶貴的戰略性洞察：

高階設計

上下文映射提供了系統元件和模型的實作概述。

溝通模式

上下文映射描述了團隊之間的溝通模式——例如，哪些團隊正在協作，哪些團隊更喜歡「較不親密」的整合模式，比如防腐層和各行其道的模式。

組織問題

上下文映射可以洞察組織問題。例如，如果某個上游團隊的下游客戶都訴諸於實作防腐層，或是如果各行其道模式的所有實作都集中在同一個團隊周圍，這代表什麼意思？

維護

理想上，應該從一開始就將上下文映射導入專案，並進行更新以反映新限界上下文的新增，以及既有限界上下文的修改。

由於上下文映射可能包含來自多個團隊運作的資訊，因此最好把上下文映射的維護定義為共同的工作：每個團隊負責更新自己與其他限界上下文的整合。

可以使用 Context Mapper（*https://contextmapper.org*）之類的工具，將上下文映射當作程式碼進行管理和維護。

限制

重要的是要注意，繪製上下文映射可能是一項具有挑戰性的任務。當系統的限界上下文包含多個子領域時，可能會有多種整合模式在運作。例如，在圖 4-9 中，您可以看到具有兩種整合模式的兩個限界上下文：合夥關係和防腐層。

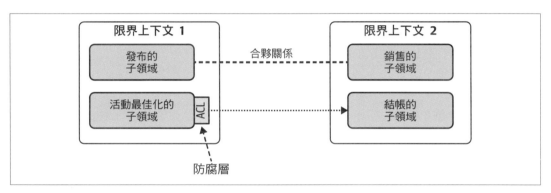

圖 4-9　複雜的上下文映射

此外，即使限界上下文僅限於單一子領域，仍然可以有多種整合模式在運作——例如，如果子領域的模組需要不同的整合戰略。

總結

限界上下文不是獨立的，它們必須彼此互動，以下模式定義了可以整合限界上下文的不同方式：

合夥關係

　　限界上下文以專門的方式整合。

共享核心

　　透過共享屬於所有參與限界上下文的有限重疊模型，來整合兩個或更多限界上下文。

追隨者

　　客戶追隨服務供應商的模型。

防腐層

　　客戶將服務供應商的模型轉譯為適合客戶需求的模型。

開放主機服務

　　服務供應商實作了釋出語言——針對客戶需求進行最佳化的模型。

各行其道

　　複製特定功能比協作和整合它的成本更低。

限界上下文之間的整合可以繪製在上下文映射上，該工具可以深入了解系統的高階設計、溝通模式，以及組織問題。

現在您已經學習了用來分析和建立業務領域模型的領域驅動設計工具和技術，我們將把我們的視角從戰略轉向戰術。在第二部分中，您將學習不同的方法來實作領域邏輯、組織高階架構、協調系統元件彼此的溝通。

練習

1. 哪個整合模式永遠不該用於核心子領域？

    A. 共享核心

    B. 開放主機服務

    C. 防腐層

    D. 各行其道

2. 哪個下游子領域較可能實作防腐層？

    A. 核心子領域

    B. 支持子領域

    C. 通用子領域

    D. B 和 C

3. 哪個上游子領域較可能實作開放主機服務？

    A. 核心子領域

    B. 支持子領域

    C. 通用子領域

    D. A 和 B

4. 就某種意義上來說，哪種整合模式抵觸了限界上下文的所有權邊界？

    A. 合夥關係。

    B. 共享核心。

    C. 各行其道。

    D. 任何整合模式都不應該打破限界上下文的所有權邊界。

第二部分

戰術設計

在第一部分中，我們討論了軟體的「什麼（what）」和「為什麼（why）」：您學習了分析業務領域、辨別了領域及戰略價值，並將業務領域的知識轉化為限界上下文的設計——實作業務領域不同模型的軟體元件。

在本書的這一部分，我們將從戰略轉向戰術：軟體設計的「如何（how）」：

- 在第 5 章到第 7 章中，您將學習業務邏輯的實作模式，讓程式碼使用其限界上下文（bounded context）的統一語言（ubiquitous language）。第 5 章介紹了兩種適合相對簡單業務邏輯的模式：事務腳本（transaction script）和主動記錄（active record）。第 6 章來到更具挑戰性的案例，並介紹領域模型（domain model）的模式：DDD 實作複雜業務邏輯的方式。在第 7 章中，您將學習透過對時間維度進行建模來擴展領域模型的模式。

- 在第 8 章中，我們將探討組織一個限界上下文架構的不同方法：分層架構（layered architecture）、埠和適配器（ports & adapters）、CQRS 的模式。您將了解每種架構模式的本質，以及每個模式應該在哪些情況下使用。

- 第 9 章將討論編排系統元件之間互動的技術問題和實作策略。您將學習支援限界上下文整合模式實作的模式、如何實作可靠的訊息發布，以及用來定義複雜、跨元件工作流程的模式。

第五章

實作簡單的業務邏輯

業務邏輯是軟體中最重要的部分，這是軟體一剛開始被實作的理由。一個系統的使用者介面可以很迷人，它的資料庫可以非常快速又可擴展（scalable），但是如果該軟體對業務而言沒有用處，那麼它就只不過是一個昂貴的技術展示而已。

正如我們在第 2 章中看到的，並非所有的業務子領域都平等地被創造，不同的子領域具有不同等級的戰略重要性和複雜度。本章一開始探討我們對建模和實作業務邏輯程式碼的不同方法，我們將從兩種適合相當簡單業務邏輯的模式開始：事務腳本（transaction script）和主動記錄（active record）。

事務腳本

使用程序來組織業務邏輯，每個程序處理來自展示層的單一請求。

—Martin Fowler [1]

系統的公開介面（public interface）可以看成是客戶能執行的業務事務集合，如圖 5-1 所示。這些事務可以檢索系統管理的資訊、修改它，或兩者都有。此模式基於程序來組織系統的業務邏輯，每個程序實作了由系統的客戶透過公開介面所執行的操作，實際上，系統的公開操作被使用為封裝（encapsulation）的邊界。

---

1 Fowler, M. (2002). *Patterns of Enterprise Application Architecture*. Boston: Addison-Wesley.

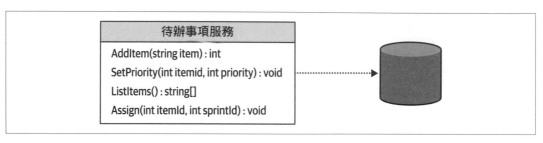

圖 5-1　事務腳本介面

實作

每個程序都被實作為一個簡單、直接的程序性腳本,它可以用薄的抽象層(abstraction layer)來和儲存機制做整合,但也可以直接自由地存取資料庫。

程序必須履行的唯一要求是事務行為,每個操作都應該不是成功就是失敗,而絕不會導致無效狀態(invalid state)。即使事務腳本的執行在最不方便的時刻失敗了,系統也應該保持一致——透過轉返(rolling back)它做的任何更改直到失敗時,或是執行補償動作。事務行為反映在模式的名稱當中:事務腳本。

下面是一個將 JSON 文件批次轉換為 XML 文件的事務腳本範例:

```
DB.StartTransaction();

var job = DB.LoadNextJob();
var json = LoadFile(job.Source);
var xml = ConvertJsonToXml(json);
WriteFile(job.Destination, xml.ToString());
DB.MarkJobAsCompleted(job);

DB.Commit()
```

這沒那麼容易!

當我在我的領域驅動設計課程上介紹事務腳本模式時,我的學生經常會感到驚訝,甚至有人會問:「這值得我們花時間嗎?我們不是為了更進階的模式和技術而來的嗎?」

重點是,事務腳本模式是那些您將在後續章節學到的、更進階的業務邏輯實作模式的基礎。此外,儘管它看起來很簡單,但它是最容易出錯的模式。我曾用不同方式幫忙除錯並修復過大量的生產問題,而這些問題通常歸結到錯誤地實作系統業務邏輯的事務行為。

讓我們來看一下三個資料毀損的常見真實案例，這些是由於未能正確實作事務腳本所導致的。

事務行為的缺失

實作事務行為失敗的一個簡單例子是，在沒有總體事務的情況下發出多個更新。想想看以下更新 Users 資料表（table）中的記錄，並將記錄插入到 VisitsLog 資料表中的方法：

```
01   public class LogVisit
02   {
03       ...
04
05       public void Execute(Guid userId, DataTime visitedOn)
06       {
07           _db.Execute("UPDATE Users SET last_visit=@p1 WHERE user_id=@p2",
08               visitedOn, userId);
09           _db.Execute(@"INSERT INTO VisitsLog(user_id, visit_date)
10                       VALUES(@p1, @p2)", userId, visitedOn);
11       }
12   }
```

如果在更新 Users 表中的記錄（第 7 行）之後，但在第 9 行新增口點記錄成功之前出現任何問題，系統最終將處於不一致的狀態。Users 資料表將被更新，但不會把相對應的記錄寫入 VisitsLog 資料表中，這個問題可能來自於任何原因，從網路中斷，到資料庫的逾時（timeout）或死結（deadlock），或甚至是執行過程的伺服器故障。

這可以透過導入涵蓋這兩項資料更改的適當事務來修正：

```
public class LogVisit
{
    ...

    public void Execute(Guid userId, DataTime visitedOn)
    {
        try
        {
            _db.StartTransaction();

            _db.Execute(@"UPDATE Users SET last_visit=@p1
                        WHERE user_id=@p2",
                        visitedOn, userId);

            _db.Execute(@"INSERT INTO VisitsLog(user_id, visit_date)
                        VALUES(@p1, @p2)",
                        userId, visitedOn);
```

```
            _db.Commit();
        } catch {
            _db.Rollback();
            throw;
        }
    }
}
```

由於關聯式資料庫（relational databases）本來就支援跨多筆記錄的事務，所以這個修正很容易實作。當您必須在不支援多筆記錄事務的資料庫中發出多個更新時，或者當您使用不可能在分散式（distributed）事務下合併的多個儲存機制時，事情就會變得更加複雜。讓我們看一個後者的例子。

分散式事務

在現代的分散式系統中，通常的做法是對資料庫中的資料做更改，然後透過把訊息發布到訊息匯流排（message bus）來將這些更改通知給系統的其他元件。想想看，在前面的例子當中，我們必須把訪問（visit）發布到訊息匯流排，而不是在資料表中記錄它：

```
01  public class LogVisit
02  {
03      ...
04
05      public void Execute(Guid userId, DataTime visitedOn)
06      {
07          _db.Execute("UPDATE Users SET last_visit=@p1 WHERE user_id=@p2",
08                      visitedOn,userId);
09          _messageBus.Publish("VISITS_TOPIC",
10                          new { UserId = userId, VisitDate = visitedOn });
11      }
12  }
```

和前面的例子一樣，在第 7 行之後、但在第 9 行成功之前發生的任何故障都會破壞系統的狀態。Users 資料表將被更新，但不會通知其他元件，因為發布到訊息匯流排失敗了。

不幸的是，要修正這個問題並不像前面的例子般容易。跨多個儲存機制的分散式事務是複雜、難以擴展、容易出錯的，因此通常會避免這樣做。在第 8 章中，您將學習如何使用 CQRS 架構模式來填入多個儲存機制。此外，第 9 章將介紹寄件匣（outbox）模式，它可以在把更改提交到另一個資料庫之後，實現可靠的訊息發布。

讓我們來看一個不當實作事務行為的更複雜例子。

隱含（Implicit）分散式事務

想想看以下看似簡單的方法：

```
public class LogVisit
{
    ...

    public void Execute(Guid userId)
    {
        _db.Execute("UPDATE Users SET visits=visits+1 WHERE user_id=@p1",
                    userId);
    }
}
```

和前面例子中追蹤最後訪問日期的方法不同，此方法為每位使用者維護一個訪問計數器（counter），呼叫該方法會把相對應計數器的值加 1。此方法所做的只是更新一個值，並留在一個資料庫的一張表中，但這依然是一個分散式事務，而且可能會導致不一致的狀態。

這個例子構成了一個分散式事務，因為它把訊息傳遞給資料庫和呼叫該方法（method）的外部程序，如圖 5-2 所示。

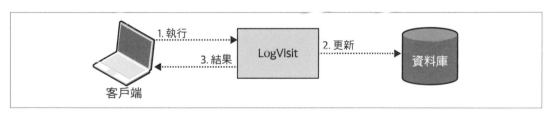

圖 5-2　LogVisit 操作更新資料，並通知呼叫者此操作的成功或失敗

儘管 execute 方法是 void 型態，即它不回傳（return）任何資料，但它仍然會傳達操作是成功還是失敗：如果失敗，呼叫者（caller）將得到一個例外（exception）。如果方法成功了，但是把結果傳遞給呼叫者失敗了怎麼辦？例如：

- 如果 LogVisit 是 REST 服務的一部分而且出現網路中斷；或

- 如果 LogVisit 和呼叫者都在同一個程序中運行，但在呼叫者追蹤 LogVisit 行動的成功執行之前程序卻失敗了？

在這兩種情況下，客戶都會認為是失敗並再次嘗試呼叫 LogVisit。再次執行 LogVisit 邏輯將導致計數器值錯誤地增加，它總共會增加 2 而不是 1。和前面兩個例子一樣，程式碼未能正確實作事務腳本模式，並在無意間導致了系統狀態的破壞。

和前面的例子一樣，這個問題沒有簡單的解決方法。這完全取決於業務領域及其需求。在這個特定的例子中，確保事務行為的一種方法是使操作冪等（*idempotent*）：即使重複操作多次也會產生相同的結果。

例如，我們可以要求客戶傳遞計數器的值。為了提供計數器的值，呼叫者必須先讀取當前的值，在本地增加它，然後再把更新後的值作為參數提供出來。即使該操作會被執行多次，但它也不會改變最終的結果：

```
public class LogVisit
{
    ...

    public void Execute(Guid userId, long visits)
    {
        _db.Execute("UPDATE Users SET visits = @p1 WHERE user_id=@p2",
                    visits, userId);
    }
}
```

解決此類問題的另一種方法是使用樂觀並行控制（optimistic concurrency control）：在呼叫 LogVisit 操作之前，呼叫者已經讀取了計數器當前的值，並把它作為參數傳遞給 LogVisit。只有當它等於呼叫者最初讀取的值時，LogVisit 才會更新計數器的值：

```
public class LogVisit
{
...

    public void Execute(Guid userId, long expectedVisits)
      {
        _db.Execute(@"UPDATE Users SET visits=visits+1
                    WHERE user_id=@p1 and visits = @p2",
                    userId, visits);
    }
}
```

具有相同輸入參數的 LogVisit 其後續的執行不會更改資料，因為 WHERE...visits = @p2 的條件不會被滿足。

何時使用事務腳本

事務腳本模式很好地適應了最簡單明瞭的問題領域，其業務邏輯類似於簡單的程序性操作。例如，在提取（extract）—轉換（transform）—載入（load）（ETL）的操作中，每項操作都從一個來源提取資料，應用轉換邏輯把它轉換成另一種形式，並將結果載入到目標存放區中，這個過程如圖 5-3 所示。

圖 5-3　提取—轉換—載入的資料流

事務腳本模式天生就適合支持子領域（supporting subdomains），根據定義，其業務邏輯很簡單。它也可以用作和外部系統整合的適配器（adapter）——例如通用子領域（generic subdomains），或是作為防腐層（anticorruption layer）的其中一部分（更多內容請參見第 9 章）。

事務腳本模式的主要優點是簡單性，它引入了最少的抽象化，並最小化運行時效能和理解業務邏輯的負擔。儘管如此，這種簡單性也是該模式的缺點，業務邏輯越複雜，事務間的業務邏輯就越容易重複，進而導致不一致的行為——當重複的程式碼不同步時。因此，事務腳本永遠不該用於核心子領域（core subdomains），因為這種模式無法應對核心子領域業務邏輯的高複雜度。

這種簡單性讓事務腳本毀譽參半，有時候該模式甚至還被視為反模式（antipattern）。畢竟，如果將複雜的業務邏輯實作為事務腳本，遲早會變成一個無法維護的大泥球（big ball of mud），但應該注意的是，儘管是這種簡單性，事務腳本模式卻仍普遍存在於軟體開發之中。我們將在本章和後續章節中討論所有業務邏輯的實作模式，不論何種方式，都是基於事務腳本的模式。

主動記錄

一個物件（*object*），它包裝資料庫的資料表或檢視表（*view*）中的列（*row*）、封裝資料庫存取，並把領域邏輯加到該資料上。

—Martin Fowler [2]

和事務腳本模式一樣，主動記錄支援簡單的業務邏輯案例，但是這裡的業務邏輯可能運行在更複雜的資料結構上，例如，我們可以擁有更複雜的物件樹（object tree）和階層（hierarchies），而非平面（flat）記錄，如圖 5-4 所示。

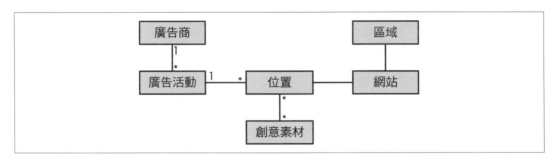

圖 5-4　具有一對多和多對多關係的更複雜資料模型

透過簡單的事務腳本對這種資料結構進行操作會導致大量的重複性程式碼，資料到記憶體中表示的映射（mapping）會完全重複。

實作

因此，這個模式使用稱為主動記錄的專屬物件來表示複雜的資料結構。除了資料結構之外，這些物件還實作了用於創建（create）、讀取（read）、更新（update）和刪除（delete）記錄的資料存取方法——即所謂的 CRUD 操作。因此，主動記錄的物件被耦合（coupled）到物件關聯映射（object-relational mapping，ORM）或一些其他的資料存取框架。此模式的名稱源自於每個資料結構都是「主動的（active）」這一個事實；也就是說，它實作了資料存取的邏輯。

和先前的模式一樣，系統的業務邏輯被組織進一個事務腳本之中。這兩種模式的區別在於，在這種情況下，事務腳本不是直接存取資料庫，而是操控主動記錄的物件。當它完成時，此操作必須當作一個不可分割（atomic）事務，不是完成就是失敗：

2　Fowler, M. (2002). *Patterns of Enterprise Application Architecture*. Boston: Addison-Wesley.

```
public class CreateUser
{
    ...

    public void Execute(userDetails)
    {
        try
        {
            _db.StartTransaction();

            var user = new User();
            user.Name = userDetails.Name;
            user.Email = userDetails.Email;
            user.Save();

            _db.Commit();
        } catch {
            _db.Rollback();
            throw;
        }
    }
}
```

該模式的目標是封裝記憶體中物件映射到資料庫綱要（schema）的複雜度。主動記錄的物件除了負責持久化（persistence）之外，還可以包含業務邏輯；例如，驗證指定給欄位的新值，或甚至實作操控物件資料的業務相關程序，儘管如此，主動記錄物件的顯著特徵是資料結構和行為（業務邏輯）的分離。主動記錄的欄位通常有公開的獲取器（getter）和設定器（setter），這讓外部程序能修改其狀態。

何時使用主動記錄

因為主動記錄本質上是一個最佳化存取資料庫的事務腳本，所以這種模式只能支援比較簡單的業務邏輯像是 CRUD 操作，頂多就是驗證使用者的輸入。

因此，和事務腳本模式的情況一樣，主動記錄模式有助於支持子領域、用於通用子領域外部解決方案的整合，或是模型轉換的任務。模式之間的差異在於主動記錄解決了將複雜資料結構映射到資料庫綱要的複雜度。

主動記錄模式也稱為貧血領域模型（*anemic domain model*）反模式；換句話說，是一個設計不當的領域模型。我傾向於避免貧血和反模式這兩個詞的負面含義，這個模式是一個工具，就像任何工具一樣，它可以解決問題，但如果應用到錯誤的上下文（context）中，它帶來的弊可能會大於利。當業務邏輯簡單時，使用主動記錄並沒有錯，而且在實作簡單的業務邏輯時,使用更精密的模式也會因引入意外的複雜度而造成危害。在下一章中,您將學習什麼是領域模型(domain model),以及它和主動記錄模式有什麼不同。

 重要的是要強調,在這個上下文中,主動記錄指的是設計模式,而非主動記錄框架(Active Record framework)。這個模式的名稱是由 Martin Fowler 在 *Patterns of Enterprise Application Architecture* 中創造的,而框架是後來作為實作該模式的一種方式出現。在我們的上下文中,我們談論的是設計模式及其背後的概念,而非特定的實作。

務實

儘管業務資料很重要,而且我們設計並建立的程式碼應該保護資料的完整性,但在某些情況下,務實的方法更為理想。

尤其在高度的規模時,有些情況下可以放寬資料的一致性保證。檢查對業務來說,損壞一百萬則記錄中一則的狀態是否真的是致命問題,以及這是否會對業務的績效和盈利能力產生負向的影響。例如,讓我們假設您正在建立一個系統,它每天從物聯網(IoT)設備接收數十億個事件,如果 0.001% 的事件將會重複或丟失,這有什麼大不了的嗎?

一如往常,沒有通用的法則,這一切都取決於您所從事的業務領域。只要有可能,「走捷徑」是沒關係的;只要確認您評估了風險和對業務的影響即可。

總結

在本章中,我們介紹了兩種實作業務邏輯的模式:

事務腳本

> 這種模式將系統的操作組織為簡單、直接的程序性腳本。這些程序確保每個操作都是事務——不是成功,就是失敗。事務腳本模式適合支持子領域,其業務邏輯類似於簡單的、像 ETL 的操作。

主動記錄

> 當業務邏輯簡單但要在複雜的資料結構上進行操作時,您可以將這些資料結構實作為主動記錄。主動記錄的物件是一種提供簡單 CRUD 資料存取方法的資料結構。

本章討論的兩種模式是面向相當簡單的業務邏輯案例。在下一章中，我們將轉向更複雜的業務邏輯，並討論如何使用領域模型的模式來解決複雜度。

練習

1. 哪種討論過的模式應該被用來實作核心子領域的業務邏輯？

   A. 事務腳本。

   B. 主動記錄。

   C. 這些模式都不能用來實作核心子領域。

   D. 這兩者都能用來實作核心子領域。

2. 想想看以下程式碼：

```
public void CreateTicket(TicketData data)
{
    var agent = FindLeastBusyAgent();

    agent.ActiveTickets = agent.ActiveTickets + 1;
    agent.Save();

    var ticket = new Ticket();
    ticket.Id = Guid.New();
    ticket.Data = data;
    ticket.AssignedAgent = agent;
    ticket.Save();

    _alerts.Send(agent, "You have a new ticket!");
}
```

   假設沒有高階（high-level）的事務機制，您可以在這裡發現哪些潛在的資料一致性問題？

   A. 在收到新的工單時，受指派客服人員的有效工單計數器可以增加 1 以上。

   B. 客服人員的有效工單計數器可以增加 1，但該客服人員將不會被指派任何新的工單。

   C. 客服人員可以獲得新的工單，但將不會收到關於此事的通知。

   D. 以上所有的問題都是有可能的。

3. 在前面的程式碼中，至少還有一種可能破壞系統狀態的極端情況，您能發現到嗎？

4. 回到本書前言中 WolfDesk 的範例，系統中的哪些部分有可能被實作為事務腳本或主動記錄？

第六章

應對複雜的業務邏輯

前一章討論了兩種解決相對簡單業務邏輯的模式：事務腳本（transaction script）和主動記錄（active record）。本章繼續實作業務邏輯的主題，並介紹了一種面向複雜業務邏輯的模式：領域模型（domain model）模式。

歷史

與事務腳本和主動記錄模式一樣，領域模型模式最初是在 Martin Fowler 的書《*Patterns of Enterprise Application Architecture*》之中介紹的。Fowler 在結束對該模式的討論時說：「Eric Evans 目前正在撰寫一本關於建立領域模型的書。」可以參考的書籍是 Evans 的開創性著作《*Domain-Driven Design: Tackling Complexity in the Heart of Software*》。

Evans 在他的書中提出了一組模式，目的是緊密地聯繫程式碼和業務領域背後的模型：聚合（aggregate）、值物件（value objects）、儲存庫（repositories）等。這些模式緊接在 Fowler 他書中停下的地方，而且似乎是一組用來實作領域模型模式的有效工具。

Evans 提出的模式通常被稱為戰術領域驅動設計（*tactical domain-driven design*）。為了消除以下混淆：認為實踐領域驅動設計必然要使用這些模式來實作業務邏輯，我偏好維持 Fowler 的原始術語，該模式是「領域模型」，聚合和值物件是它的建構區塊。

領域模型

領域模型模式目的是處理複雜業務邏輯的情況。在這裡，我們處理的並非 CRUD 介面，而是複雜的狀態轉換、業務規則和固定規則（invariants）：這些規則必須永遠受到保護。

假設我們正在實作一個服務台（help desk）系統，想想看以下需求的摘要，它描述了控制客服工單（support ticket）生命週期的邏輯：

- 客戶開啟客服工單，工單上描述了他們面臨的問題。

- 客戶和客服人員在上面添加訊息，而且所有的聯繫都被客服工單追蹤。

- 每張工單都有一個優先等級：低、中、高，或是緊急。

- 客服人員應該根據工單的優先等級，在規定時限（set time limit，SLA）內提供解決方案。

- 如果客服人員未在 SLA 內回覆，客戶可以把工單上報給客服經理。

- 上報會使客服人員的回應時限降低 33%。

- 如果客服人員未在回應時限的 50% 內開啟上報的工單，則會自動將它重新分配給其他客服人員。

- 如果客戶未在 7 天內回覆客服人員的問題，工單將會自動關閉。

- 上報的工單不能自動關閉，也不能由客服人員關閉，只能由客戶或客服經理關閉。

- 客戶只能重新開啟過去 7 天內關閉的工單。

這些需求在不同規則之間形成了一個糾纏在一起的依賴網絡，所有這些都會影響到客服工單生命週期的管理邏輯。這不像我們在前一章中討論過的，把資料輸入到螢幕上的 CRUD 那樣。試圖用主動記錄的物件（objects）來實作此邏輯很容易產生重複的邏輯，而且由於錯誤實作某些業務規則而破壞了系統的狀態。

實作

領域模型是包含行為和資料的領域物件模型（object model）[1]。DDD 的戰術模式 —— 聚合、值物件、領域事件（domain events）、領域服務（domain services）—— 是這種物件模型的建構區塊。[2]

所有這些模式都有一個共通的主題：它們把業務邏輯放在首位。讓我們來看看領域模型如何解決不同的設計問題。

---

[1] Fowler, M. (2002). *Patterns of Enterprise Application Architecture*. Boston: Addison-Wesley.

[2] 本章中的所有範例程式都將會使用物件導向程式語言（object-oriented programming language）。但是，所討論的概念不限於 OOP，而且和函式程式設計（functional programming）的典範有關。

複雜度

領域的業務邏輯本身就很複雜,所以用來對它建模的物件不該引入任何額外的意外複雜度。該模型應該沒有任何基礎設施或技術問題,例如實作對資料庫或系統其他外部元件的呼叫(calls)。這個限制要求模型的物件是簡單物件(*plain old objects*),實作業務邏輯的物件不依賴或是直接整合任何基礎設施的元件或框架。[3]

統一語言

強調業務邏輯而非技術問題,這使領域模型的物件更容易遵循限界上下文(bounded context)統一語言(ubiquitous language)的術語。換句話說,這種模式讓程式碼「說出」統一語言並遵循領域專家的心智模型。

建構區塊

讓我們來看一下 DDD 提供的主要領域模型建構區塊,或戰術模式:值物件、聚合、領域服務。

值物件

值物件是可以透過其值的組合來識別的物件。例如,想想看一個顏色的物件:

```
class Color
{
    int _red;
    int _green;
    int _blue;
}
```

紅色、綠色、藍色三個欄位值的組合定義了一種顏色,更改其中一個欄位的值將會產生新的顏色,沒有兩種顏色能擁有相同的值。此外,相同顏色的兩個實例(instances)必須擁有相同的值,所以不需要明確的識別(identification)欄位來辨別顏色。

圖 6-1 所示的 ColorId 欄位不僅是多餘的,而且實際上創造了一個錯誤的機會。您可以建立具有相同 red、green、blue 值的兩列,但比較 ColorId 的值並不會反映出這是相同的顏色。

---

3   .NET 中的 POCOs、Java 中的 POJOs、Python 中的 POPOs 等。

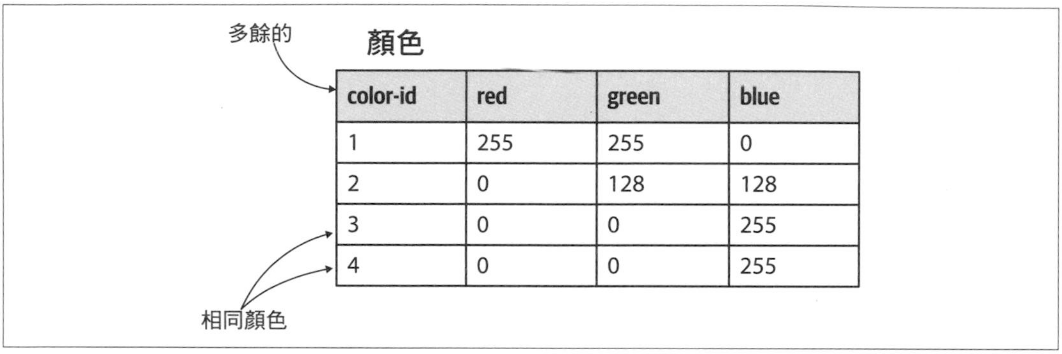

圖 6-1　多餘的 ColorId 欄位，可能有兩列是相同的值

統一語言。 僅依賴該語言標準函式庫（standard library）的原始資料型態——例如：字串（strings）、整數（integers）或字典（dictionaries）——來表示業務領域的概念，這被稱為基本型別偏執（primitive obsession）[4] 的程式碼異味（code smell）。例如，想想看以下類別（class）：

```
class Person
{
    private int    _id;
    private string _firstName;
    private string _lastName;
    private string _landlinePhone;
    private string _mobilePhone;
    private string _email;
    private int    _heightMetric;
    private string _countryCode;

    public Person(...) {...}
}

static void Main(string[] args)
{
    var dave = new Person(
        id: 30217,
        firstName: "Dave",
        lastName: "Ancelovici",
        landlinePhone: "023745001",
        mobilePhone: "0873712503",
        email: "dave@learning-ddd.com",
        heightMetric: 180,
```

4　"Primitive Obsession."（出版年份不詳）擷取自 2021 年 6 月 13 日，源自 *https://wiki.c2.com/?PrimitiveObsession*.

```
            countryCode: "BG");
    }
```

在前面 Person 類別的實作中，大部分的值都是 String 型態的，它們是基於慣例（convention）所指定的。例如，landlinePhone 的輸入應該是一個有效的固定電話號碼，而 countryCode 應該是一個有效的、兩個字母的大寫國家代碼。當然，系統不能相信使用者總是提供正確的值，所以這個類別必須驗證所有輸入的欄位。

這種方法存在多個設計風險。第一，驗證的邏輯往往是重複的，第二，在使用值之前很難強制呼叫驗證的邏輯，之後當程式碼庫（codebase）由其他工程師開發時，它將會變得更具挑戰性。

比較以下同一物件的替代設計，這次利用值物件：

```
class Person {
    private PersonId      _id;
    private Name          _name;
    private PhoneNumber   _landline;
    private PhoneNumber   _mobile;
    private EmailAddress  _email;
    private Height        _height;
    private CountryCode   _country;

    public Person(...) { ... }
}

static void Main(string[] args)
{
    var dave = new Person(
        id:       new PersonId(30217),
        name:     new Name("Dave", "Ancelovici"),
        landline: PhoneNumber.Parse("023745001"),
        mobile:   PhoneNumber.Parse("0873712503"),
        email:    Email.Parse("dave@learning-ddd.com"),
        height:   Height.FromMetric(180),
        country:  CountryCode.Parse("BG"));
}
```

首先，注意已增加的清晰度。以 courtry 變數為例，沒有必要詳細地稱它為「countryCode」來傳達它打算持有的是國家代碼而非比如完整國家的名稱。值物件使意圖清晰，即使變數名稱更短。

其次，在指定值之前不需要驗證值，因為驗證邏輯留在值物件本身當中。但是，值物件的行為不僅限於驗證，當值物件集中處理值的業務邏輯時，它們的光芒最為耀眼，內聚（cohesive）邏輯被實作在一個地方而且易於測試。最重要的是，值物件表達了業務領域的概念：它們使程式碼使用統一語言。

讓我們來看看如何把高度、電話號碼，以及顏色的概念表示為值物件，進而使產生的型態系統（type system）變得豐富而且易於使用。

和基於整數的值相比，Height 值物件使意圖清晰，又使尺寸和特定的測量單位解耦（decouples）。例如，Height 值物件可以使用公制和英制單位進行初始化，進而能輕鬆地從一個單位轉換為另一個單位、產生字串表示，以及比較不同單位的值：

```
var heightMetric = Height.Metric(180);
var heightImperial = Height.Imperial(5, 3);

var string1 = heightMetric.ToString();              // "180 公分 "
var string2 = heightImperial.ToString();            // “5 英尺 3 英寸”
var string3 = heightMetric.ToImperial().ToString(); // “5 英尺 11 英寸”

var firstIsHigher = heightMetric > heightImperial; // true
```

PhoneNumber 值物件可以封裝解析和驗證字串的值，以及提取電話號碼不同特性（attributes）的邏輯；例如，它所屬的國家和電話號碼的類型——固定電話或手機：

```
var phone = PhoneNumber.Parse("+359877123503");
var country = phone.Country;                     // “BG”
var phoneType = phone.PhoneType;                 // “手機”
var isValid = PhoneNumber.IsValid("+972120266680"); // false
```

以下範例展示了值物件的能力，在封裝所有操作資料和產生值物件新實例的業務邏輯時：

```
var red = Color.FromRGB(255, 0, 0);
var green = Color.Green;
var yellow = red.MixWith(green);
var yellowString = yellow.ToString();            // "#FFFF00"
```

正如您在前面的範例中看見的，值物件消除了慣例的需要——例如，需要記住這個字串是電子郵件，另一個字串是電話號碼——而是使用物件模型，更不容易出錯也更為直觀。

實作。 由於對物件任何欄位的更改都會導致不同的值，因此值物件被實作為不可變（immutable）物件。對值物件一個欄位的更改在概念上會創造出不同的值——值物件的不同實例。因此，當一個執行動作產生一個新值時，如以下例子，它使用了 MixWith 方法（method），它不會更改到原始的實例，而是實例化（instantiates）並回傳一個新的實例：

```
public class Color
{
    public readonly byte Red;
    public readonly byte Green;
    public readonly byte Blue;

    public Color(byte r, byte g, byte b)
    {
        this.Red = r;
        this.Green = g;
        this.Blue = b;
    }

    public Color MixWith(Color other)
    {
        return new Color(
            r: (byte) Math.Min(this.Red + other.Red, 255),
            g: (byte) Math.Min(this.Green + other.Green, 255),
            b: (byte) Math.Min(this.Blue + other.Blue, 255)
        );
    }

    ...
}                   // "#FFFF00"
```

由於值物件的相等性是基於它們的值而不是 id 欄位或參考（reference），因此覆寫（override）並適當實作相等性的檢查非常重要，例如在 C# 中：[5]

```
public class Color
{
    ...

    public override bool Equals(object obj)
    {
        var other = obj as Color;
        return other != null &&
            this.Red == other.Red &&
            this.Green == other.Green &&
            this.Blue == other.Blue;
    }
```

---

5   在 C# 9.0 中，新型態 record 實作了基於值的相等性，因此不需要覆寫相等性運算子（operators）。

```
public static bool operator == (Color lhs, Color rhs)
{
    if (Object.ReferenceEquals(lhs, null)) {
        return Object.ReferenceEquals(rhs, null);
    }
    return lhs.Equals(rhs);
}

public static bool operator != (Color lhs, Color rhs)
{
    return !(lhs == rhs);
}

public override int GetHashCode()
{
    return ToString().GetHashCode();
}

...
}
```

儘管使用核心函式庫的 Strings 來表示特定領域的值，這抵觸了值物件的概念，但在 .NET、Java 和其他語言中，字串型態被完全實作為值物件，因為所有操作都會產生一個新實例，所以字串是不可變的。此外，字串型態封裝了豐富的行為，透過操作一個或多個字串的值來創建新實例：修剪（trim）、串接（concatenate）多個字串、取代字元、子字串（substring），以及其他方法。

何時使用值物件。簡單的答案是，只要您能，隨時都可以。值物件不僅使程式碼更具表達力，並封裝了趨於分散的業務邏輯，而且該模式使程式碼更安全。因為值物件是不可變的，所以值物件的行為沒有副作用，而且是執行緒安全（thread safe）。

從業務領域的角度來看，一個有用的經驗法則是把值物件用來描述其他物件屬性（properties）的領域元素，即是應用於實體（entities）的屬性，這將在下一節中討論。您之前看到的範例使用了值物件來描述人，包括他們的 ID、姓名、電話號碼、電子郵件等。使用值物件的其他範例包括各種狀態、密碼，以及更多業務領域特定的概念，這些概念可以透過它們的值來識別，因此不需要明確的識別欄位。一個導入值物件特別重要的機會是在為貨幣和其他貨幣價值進行建模時。

依賴原始型態來表示貨幣，這不僅限制了您把所有與貨幣相關的業務邏輯封裝在一個地方的能力，而且還經常導致危險的錯誤，例如捨入（rounding）的錯誤，以及其他和精確度有關的問題。

實體

實體（*entity*）是值物件的對立面，它需要一個明確的識別欄位來區分實體的不同實例。
實體的一個簡單範例是人，想想看以下類別：

```
class Person
{
    public Name Name { get; set; }

    public Person(Name name)
    {
        this.Name = name;
    }
}
```

這個類別只包含一個欄位：name（一個值物件）。然而，這種設計是不夠理想的，因為不
同人可以同名，即擁有完全相同的名字。當然，這並不能使他們成為同一個人，所以需要
一個識別欄位來正確地辨別人：

```
class Person
{
    public readonly PersonId Id;
    public Name Name { get; set; }

    public Person(PersonId id, Name name)
    {
        this.Id = id;
        this.Name = name;
    }
}
```

在前面的程式碼中，我們導入了 PersonId 型態的識別欄位 Id。 PersonId 是一個值物件，
它可以使用任何符合業務領域需求的基礎資料型態，例如，ID 可以是全域唯一識別符
（GUID）、數字、字串，或是領域特定的值比如社會安全碼（Social Security number）。

識別欄位的主要要求是它對於實體的每個實例都應該是唯一的：在我們的例子中（圖
6-2），對每個人而言都是如此。此外，除了極少數的例外，實體識別欄位的值應該在實體
的整個生命週期內保持不變，這將我們帶到值物件和實體之間第二個概念上的差異。

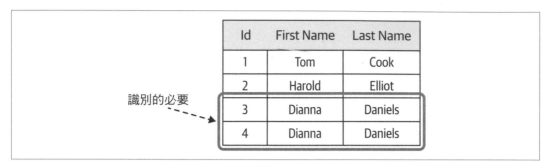

圖 6-2　導入明確的識別欄位，即使其他所有欄位的值相同，也讓物件的實例能夠有所區分

和值物件相反，實體並非不可變的，而且預期會改變。實體和值物件之間的另一個區別是值物件描述了實體的屬性。在本章前面，您看到了實體 Person 的範例，它有兩個值物件來描述每個實例：PersonId 和 Name。

實體是任何業務領域的重要建構區塊。儘管如此，您可能已經注意到了，在本章的前面，我沒有在領域模型的建構區塊列表中包含到「實體」，這不是一個錯誤。省略「實體」的原因是我們沒有獨立實作實體，而只有在整合模式的上下文（context）中實作。

聚合

聚合是一個實體：它需要一個明確的識別欄位，而且它的狀態預期會在實例的生命週期內改變，但它不僅僅是一個實體，該模式的目標是保護資料的一致性。由於聚合的資料是可變的（mutable），所以該模式必須解決一些影響和挑戰以永遠保持狀態的一致。

一致性的強制。 由於聚合的狀態可以改變，它為多種破壞資料的可能方式創造了機會。為了強制資料的一致性，聚合模式在聚合和它的外部範圍之間畫出了一個清晰的邊界：聚合是一致性的強制邊界，聚合的邏輯必須驗證所有傳入的更改，並確保更改不會抵觸業務規則。

從實作的角度來看，一致性的強制是透過只讓聚合的業務邏輯更改其狀態。聚合外部的所有程序或物件只允許讀取聚合的狀態，聚合的狀態只能透過執行聚合公開介面（public interface）的相對應方法來更改。

狀態更改的方法被揭露為聚合的公開介面，這通常被稱為命令（commands），如「執行某事的命令」。一個命令可以透過兩種方式實作，第一，它可以實作為聚合物件的普通公開方法：

```
public class Ticket
{
    ...

    public void AddMessage(UserId from, string body)
    {
        var message = new Message(from, body);
        _messages.Append(message);
    }

    ...
}
```

或者，可以將命令表示為參數（parameter）物件（*https://oreil.ly/4hNtn*），該物件封裝了執行命令所需的所有輸入：

```
public class Ticket
{
    ...

    public void Execute(AddMessage cmd)
    {
        var message = new Message(cmd.from, cmd.body);
        _messages.Append(message);
    }

    ...
}
```

如何在聚合程式碼中表達命令是一個喜好上的問題，我偏好較明確的方式，就是定義命令的結構並把它們多型地（polymorphically）傳遞給相關的 Execute 方法。

聚合的公開介面負責驗證輸入並執行所有相關的業務規則和固定規則。這種嚴格的邊界還確保與聚合相關的所有業務邏輯都被實作於一個地方：聚合本身。

這使得在聚合上編排操作的應用層（application layer）[6] 相當簡單：[7] 它所要做的就是載入聚合的當前狀態、執行所需的操作、保持修改後的狀態，並將操作的結果回傳給呼叫者（caller）：

```
01  public ExecutionResult Escalate(TicketId id, EscalationReason reason)
02  {
```

6　也稱為服務層（service layer），系統中從公開的 API 動作到領域模型的部分。

7　本質上，應用層的操作實作了事務腳本模式，它必須將操作編排為不可分割（atomic）事務。整個聚合的更改不是成功，就是失敗，但絕不會提交部分更新的狀態。

```
03    try
04    {
05        var ticket = _ticketRepository.Load(id);
06        var cmd = new Escalate(reason);
07        ticket.Execute(cmd);
08        _ticketRepository.Save(ticket);
09        return ExecutionResult.Success();
10    }
11    catch (ConcurrencyException ex)
12    {
13        return ExecutionResult.Error(ex);
14    }
15 }
```

注意前面程式碼中的並行（concurrency）檢查（第 11 行），保護聚合狀態的一致性極其重要。[8] 如果多個程序同時更新同一個聚合，我們必須防止後一個事務盲目地覆寫第一個事務所提交的更改。在這種情況下，必須通知第二個程序其決策所基於的狀態已經過期了，並且必須重試該操作。

因此，用來儲存聚合的資料庫必須支援並行管理。在最簡單的形式中，聚合應該持有版本欄位，該欄位將在每次更新後遞增：

```
class Ticket
{
    TicketId _id;
    int      _version;

    ...
}
```

在向資料庫提交更改時，我們必須確保被覆寫的版本和最初讀取的版本是互相匹配的。例如，在 SQL 中：

```
01 UPDATE tickets
02 SET ticket_status = @new_status,
03 agg_version = agg_version + 1
04 WHERE ticket_id=@id and agg_version=@expected_version;
```

此 SQL 陳述採用了對聚合實例狀態所做的更改（第 2 行），並增加它的版本計數器（counter）（第 3 行），但前提是當前版本相等於在將更改採用到聚合狀態之前讀取到的版本（第 4 行）。

---

8 回想一下，應用層是事務腳本的集合，正如我們在第 5 章中所討論的，並行管理對於防止競爭更新而破壞系統資料至關重要。

當然，並行管理可以在關聯式資料庫（relational database）之外的其他地方實作，而且文件資料庫（document databases）更適合使用聚合。儘管如此，關鍵是要確保用來儲存聚合資料的資料庫支援並行管理。

事務邊界。由於聚合的狀態只能由其自身的業務邏輯更改，因此聚合也充當事務邊界。對聚合狀態的所有更改都應作為一個不可分割操作，以事務的方式提交。如果聚合的狀態被更改，不是所有更改都被提交，就是都不提交。

此外，任何系統操作都不能假設是一個多聚合（multi-aggregate）事務，只能單獨提交對聚合狀態的更改，一個資料庫事務一個聚合。

一個事務一個聚合實例迫使我們仔細設計聚合的邊界，確保設計能解決業務領域的固定規則和規定，需要在多個聚合中提交更改表示這是錯誤的事務邊界，因此也是錯誤的聚合邊界。

這似乎施加了建模的限制，如果我們需要在同一個事務中修改多個物件怎麼辦？讓我們看看此模式如何解決這種情況。

實體的階層。正如我們在本章前面所討論的，我們不把實體當成獨立的模式，而是只把它當成聚合的一部分。讓我們來看看實體和聚合之間的根本差異，以及為什麼實體是聚合而非總體領域模型的建構區塊。

在某些業務情境中，多個物件應該共享一個事務邊界；例如，當兩者可以同時被修改，或是一個物件的業務規則依賴於另一個物件的狀態時。

DDD 規定系統的設計應該由其業務領域驅動，聚合也不例外。為了支援在一個不可分割事務中必須採用多個物件的更改，聚合模式類似於實體的階層，所有實體都共享事務的一致性，如圖 6-3 所示。

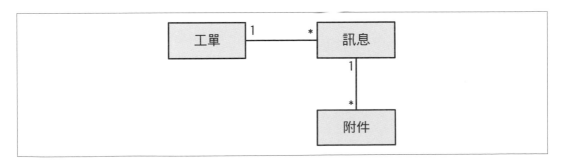

圖 6-3　聚合作為實體的階層

階層包含實體和值物件，如果它們被領域的業務邏輯綁定，它們就都屬於同一個聚合。

這就是該模式被命名為「聚合」的原因：它聚合了屬於相同事務邊界的業務實體和值物件。

以下範例程式展示了跨多個實體業務規則，它們屬於聚合邊界——「如果客服人員未在回應時限的 50% 內打開被上報的工單，則會自動把它重新分配給不同的客服人員」：

```
01  public class Ticket
02  {
03      ...
04      List<Message> _messages;
05      ...
06
07      public void Execute(EvaluateAutomaticActions cmd)
08      {
09          if (this.IsEscalated && this.RemainingTimePercentage < 0.5 &&
10              GetUnreadMessagesCount(for: AssignedAgent) > 0)
11          {
12              _agent = AssignNewAgent();
13          }
14      }
15
16      public int GetUnreadMessagesCount(UserId id)
17      {
18          return _messages.Where(x => x.To == id && !x.WasRead).Count();
19      }
20
21      ...
22  }
```

該方法檢查工單的值以查看它是否已經被上報，以及剩餘處理時間是否小於定義的 50% 門檻值（第 9 行）。此外，它還會檢查目前客服人員尚未讀取的訊息（第 10 行）。如果滿足所有條件，則請求將工單重新分配給不同的客服人員。

聚合確保所有條件都被檢查到，以防對高度一致性的資料不利，而且藉由確保對聚合資料的所有更改都作為一個不可分割事務來執行，在這些檢查完成後資料不會更改。

參考其他聚合。 由於一個共享相同事務邊界的聚合包含所有物件，所以如果聚合變得太大，可能會出現效能和可擴展性（scalability）的問題。

資料的一致性可以是設計聚合邊界的方便指導原則，只有當聚合的業務邏輯需要高度一致性的資訊時才應該是聚合的一部分，所有在最終可以一致的資訊都應該位於聚合的邊界之外；例如，作為另一個聚合的一部分，如圖 6-4 所示。

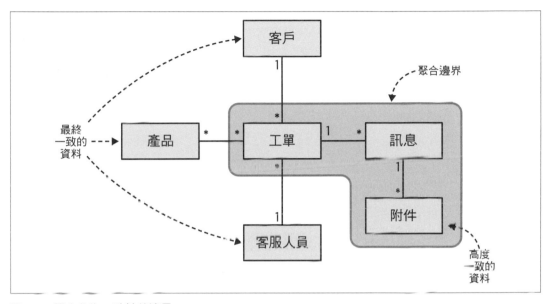

圖 6-4　聚合作為一致性的邊界

經驗法則是使聚合盡可能小，而且只包含了被聚合業務邏輯要求要處於高度一致狀態的物件：

```
public class Ticket
{
    private UserId          _customer;
    private List<ProductId> _products;
    private UserId          _assignedAgent;
    private List<Message>   _messages;

    ...
}
```

在前面的範例中，Ticket 聚合參考了屬於聚合邊界的訊息集合。另一方面，客戶、和工單相關的產品集合，以及被指派的客服人員不屬於聚合，因此藉由它的 ID 來參考。

透過 ID 參考外部聚合的背後原因是為了具體化那些不屬於聚合邊界的物件，並確保每個聚合都有自己的事務邊界。

要確定實體是否歸屬於一個聚合，如果系統將在最終一致的資料上運作，請檢查此聚合是否包含可能會導致無效（invalid）系統狀態的業務邏輯。讓我們回到前面的範例，如果當前客服人員在回應時限的 50% 內沒有讀取新訊息，則重新指派工單。如果關於已讀 / 未讀訊息的資訊最終會一致該怎麼辦？換句話說，在一定的延遲之後收到讀取的確認是合理的，在這種情況下，可以肯定地預期大量的工單會被不必要地重新指派，當然這會破壞系統的狀態，所以訊息中的資料屬於此聚合的邊界。

聚合根。 我們之前看到，聚合的狀態只能透過執行其中一個命令來更改。由於聚合表示實體的階層，因此應該只將其中一個實體指定為聚合的公開介面 —— 聚合根（aggregate root），如圖 6-5 所示。

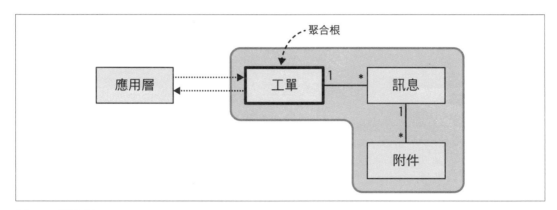

圖 6-5 聚合根

想想看以下 Ticket 聚合的摘要：

```
public class Ticket
{
   ...
   List<Message> _messages;
   ...

   public void Execute(AcknowledgeMessage cmd)
   {
      var message = _messages.Where(x => x.Id == cmd.id).First();
      message.WasRead = true;
   }
   ...
}
```

在此範例中，聚合揭露了一個讓特定訊息標記為已讀的命令。儘管該操作修改了 Message 實體的實例，但只能透過它的聚合根：Ticket 存取到它。

除了聚合根的公開介面之外，外部世界可以透過另一個機制和聚合溝通：領域事件（domain events）。

領域事件。 領域事件是描述在業務領域中發生重要事件的訊息。例如：

- 已指派工單
- 已上報工單
- 已收到訊息

由於領域事件描述的是已經發生的事情，所以它們的名稱應該用過去式來表述。

領域事件的目標是描述業務領域中發生的事情，並提供和事件相關的所有必要資料。例如，以下領域事件表明了特定的工單已被上報、在什麼時間，以及是什麼原因：

```
{
    "ticket-id": "c9d286ff-3bca-4f57-94d4-4d4e490867d1",
    "event-id": 146,
    "event-type": "ticket-escalated",
    "escalation-reason": "missed-sla",
    "escalation-time": 1628970815
}
```

和軟體工程中幾乎所有的內容一樣，命名很重要。確保領域事件的名稱要簡潔地反映業務領域中已經發生的事。

領域事件是聚合公開介面的一部分，聚合發布其領域事件。其他程序、聚合，甚至外部系統都可以訂閱（subscribe）並執行它們自己的邏輯來回應領域事件，如圖 6-6 所示。

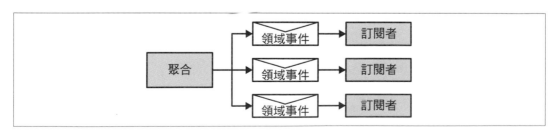

圖 6-6　領域事件的發布流（flow）

在 Ticket 聚合的以下摘要中，一個新的領域事件被實例化（第 12 行）並增加到工單的領域事件集合中（第 13 行）：

```
01  public class Ticket
02  {
03      ...
04      private List<DomainEvent> _domainEvents;
05      ...
06
07      public void Execute(RequestEscalation cmd)
08      {
09          if (!this.IsEscalated && this.RemainingTimePercentage <= 0)
10          {
11              this.IsEscalated = true;
12              var escalatedEvent = new TicketEscalated(_id, cmd.Reason);
13              _domainEvents.Append(escalatedEvent);
14          }
15      }
16
17      ...
18  }
```

在第 9 章，我們將討論如何將領域事件可靠地發布給有興趣的訂閱者。

統一語言。 最後但同樣重要的是，聚合應該反映統一語言。用於聚合名稱、資料成員（data members）、動作和領域事件的術語都應該用限界上下文的統一語言來表述。正如 Eric Evans 所言，程式碼必須基於開發人員彼此以及和領域專家交談時使用的相同語言，這對於實作複雜的業務邏輯特別重要。

現在，讓我們來看一下領域模型的第三個，也是最後一個建構區塊。

領域服務

遲早，您可能會遇到不屬於任何聚合或值物件的業務邏輯，或者似乎和多個聚合相關的業務邏輯。在這種情況下，領域驅動設計建議將邏輯實作為領域服務（*domain service*）。

領域服務是實作業務邏輯的無狀態（stateless）物件。在絕大多數的情況底下，這種邏輯會編排對系統各個元件的呼叫以執行某些計算或分析。

讓我們回到工單聚合的例子。回想一下，被指派的客服人員有一個限制的時間範圍來向客戶提出解決方案，時間範圍不僅取決於工單的資料（其優先等級和上報狀態），還取決於客服部門的政策：關於每個優先等級的規定時限（SLAs），以及客服人員的工作時間表（輪班）——我們不能期望客服人員在下班時間回應。

時間範圍的計算邏輯需要來自多個來源的資訊：工單、被指派客服人員的部門和工作時間表，這使它成為實作領域服務的理想候選：

```
public class ResponseTimeFrameCalculationService
{
    ...

    public ResponseTimeframe CalculateAgentResponseDeadline(UserId agentId,
        Priority priority, bool escalated, DateTime startTime)
    {
        var policy = _departmentRepository.GetDepartmentPolicy(agentId);
        var maxProcTime = policy.GetMaxResponseTimeFor(priority);

        if (escalated) {
            maxProcTime = maxProcTime * policy.EscalationFactor;
        }

        var shifts = _departmentRepository.GetUpcomingShifts(agentId,
            startTime, startTime.Add(policy.MaxAgentResponseTime));

        return CalculateTargetTime(maxProcTime, shifts);
    }

    ...
}
```

領域服務使協調多個聚合的工作變得容易，但重要的是要永遠牢記這個限制：聚合模式在一個資料庫事務中只能修改一個聚合實例。領域服務不是圍繞此限制的漏洞，一個事務、一個實例的規則仍然適用；相反的，領域服務有助於實作需要讀取多個聚合資料的計算邏輯。

同樣重要的是要指出，領域服務和微服務（micro-services）、服務導向（service-oriented）架構，或是在軟體工程中幾乎任何服務（*service*）一詞的使用無關，領域服務只是一個用於承載業務邏輯的無狀態物件。

管理複雜度

正如本章介紹所指出的，聚合和值物件模式是作為一種解決業務邏輯實作複雜度的方法而導入的，讓我們來看看背後的原因。

商業管理大師 Eliyahu M. Goldratt 在他的著作《*The Choice*》中概述了系統複雜度簡潔有力的定義。根據 Goldratt 的說法，在討論系統的複雜度時，我們感興趣的是評估控制和預測系統行為的困難度，這兩個面向反映在系統的自由度（degrees of freedom）上。

系統的自由度是描述其狀態所需要的資料點。想想看以下兩個類別：

```csharp
public class ClassA
{
    public int A { get; set; }
    public int B { get; set; }
    public int C { get; set; }
    public int D { get; set; }
    public int E { get; set; }
}

public class ClassB
{
    private int _a, _d;

    public int A
    {
        get => _a;
        set {
            _a = value;
            B = value / 2;
            C = value / 3;
        }
    }

    public int B { get; private set; }

    public int C { get; private set; }

    public int D
    {
        get => _d;
        set {
            _d = value;
            E = value * 2
        }
    }

    public int E { get; private set; }
}
```

乍看之下，ClassB 似乎比 ClassA 複雜得多。它們有相同數量的變數，但除此之外，ClassB 還實作了額外的計算，它有比 ClassA 更複雜嗎？

讓我們從自由度的角度來分析這兩個類別。您需要多少個資料元素來描述 ClassA 的狀態？答案是 5：它的 5 個變數。因此，ClassA 的自由度是 5。

您需要多少個資料元素來描述 ClassB 的狀態？如果您看一下屬性 A 和 D 指定值的邏輯，您會注意到 B、C 和 E 的值是 A 和 D 值的函式（functions）。如果您知道 A 和 D 是什麼，那麼您就可以推導出其餘變數的值。因此，ClassB 的自由度只有 2，您只需要兩個值來描述其狀態。

回到最初的問題，哪個類別在控制和預測其行為的面向上更困難？答案是自由度更高的那個，或說是 ClassA。ClassB 中導入的固定規則降低了它的複雜度。這就是聚合和值物件模式所做的：封裝固定規則，進而降低複雜度。

和值物件狀態相關的所有業務邏輯都位於其邊界內，聚合也是如此。聚合只能透過它自己的方法進行修改，它的業務邏輯封裝並保護了業務的固定規則，進而降低了自由度。

由於領域模型的模式僅適用於具有複雜業務邏輯的子領域，所以可以肯定地認為這些是核心子領域（core subdomains）——軟體的核心。

總結

領域模型的模式是針對複雜業務邏輯的情況，它由三個主要建構區塊所組成：

值物件

> 可以透過業務領域概念的值來獨立辨別它們，因此不需要明確的 ID 欄位。因為其中一個欄位的更改在語義上會創建一個新的值，所以值物件是不可變的。

> 值物件不僅對資料建模，還對行為建模：操控值並因此初始化新值物件的方法。

聚合

> 共享事務邊界的實體階層，聚合邊界中包含的所有資料都必須高度一致才能實作其業務邏輯。

> 聚合的狀態及其內部物件只能透過其公開介面、執行聚合的命令來修改。資料欄位對於外部元件而言是唯讀的，以確保和聚合相關的所有業務邏輯都留在其邊界內。

> 聚合作為事務的邊界，它的所有資料，包括它的所有內部物件，都必須作為一個不可分割事務提交給資料庫。

> 聚合可以透過發布領域事件——描述聚合生命週期中重要業務事件的訊息——與外部的實體進行溝通。其他元件可以訂閱事件，並使用它們來觸發業務邏輯的執行。

領域服務

乘載業務邏輯的無狀態物件，自然不屬於任何領域模型的聚合或值物件。

領域模型的建構區塊藉由把業務邏輯封裝在值物件和聚合的邊界中，來解決業務邏輯的複雜度。不能從外部修改物件的狀態，這確保了所有相關業務邏輯都在聚合和值物件的邊界內實作，而且不會在應用層重複。

在下一章中，您將學習實作領域模型模式的進階方法，這次使時間維度成為模型的固有部分。

練習

1. 以下哪些說法是正確的？

    A. 值物件只能包含資料。

    B. 值物件只能包含行為。

    C. 值物件是不可變的。

    D. 值物件的狀態可以改變。

2. 設計聚合邊界的一般指導原則是什麼？

    A. 一個聚合只能包含一個實體，因為單個資料庫事務中只能包含一個聚合實例。

    B. 只要業務領域對資料一致性的要求是要完好無缺的，聚合就應該設計得盡可能小。

    C. 聚合表示實體的階層，因此，為了最大限度地提高系統資料的一致性，應該把聚合設計得盡可能寬。

    D. 這取決於：對於某些業務領域來說，小的聚合是最好的，而在另一些領域，使用盡可能大的聚合會更有效率。

3. 為什麼一個事務只能提交一個聚合實例？

    A. 確保模型能夠在高負載下執行。

    B. 確保正確的事務邊界。

    C. 沒有這樣的要求；這取決於業務領域。

    D. 讓不支援多記錄（multirecord）事務的資料庫得以運作，例如鍵一值（key-value）和文件存放區。

4. 以下哪個陳述最能描述領域模型建構區塊之間的關係？

　　A. 值物件描述實體的屬性。

　　B. 值物件可以發出領域事件。

　　C. 聚合包含一個或多個實體。

　　D. A 和 C。

5. 以下關於主動記錄和聚合之間差異的說法，何者正確？

　　A. 主動記錄只包含資料，而聚合還包含行為。

　　B. 聚合封裝了它的所有業務邏輯，但操控主動記錄的業務邏輯可以位於其邊界之外。

　　C. 聚合只包含資料，而主動記錄包含資料和行為。

　　D. 聚合包含一組主動記錄。

第七章

為時間維度建模

在上一章中，您學習了領域模型（domain model）模式：它的建構區塊、目的，以及應用的上下文（context）。事件源領域模型（event-sourced domain model）的模式與領域模型的模式基於相同的前提：同樣的，業務邏輯是複雜的而且屬於核心子領域（core subdomain）。此外，它使用和領域模型相同的戰術模式：值物件（value objects）、聚合（aggregates）和領域事件（domain events）。

這些實作模式之間的差異在於聚合狀態持久化（persisted）的方式。事件源領域模型使用事件源的模式來管理聚合的狀態：不是持久化聚合的狀態，而是模型產生出描述每個更改的領域事件，並把它們用作於聚合資料的事實來源。

本章首先介紹事件源的概念，然後介紹如何將事件源和領域模型模式相結合，使其成為事件源領域模型。

事件源

> 讓我看您的流程圖卻藏起您的資料表，這樣我就會繼續困惑下去。讓我看您的資料表，我通常不需要您的流程圖；這樣就很明顯了。
>
> —Fred Brooks[1]

讓我們使用 Fred Brooks 的理由來定義事件源模式，並了解它和傳統建模及資料持久化有何不同。檢視表 7-1 並分析您可以從這份關於它所屬系統的資料中學到什麼。

1　Brooks, F. P. Jr. (1974). *The Mythical Man-Month: Essays on Software Engineering*. Reading, MA: Addison-Wesley.

表 7-1　基於狀態的模型

潛在客戶 id	名字	姓氏	狀態	電話號碼	後續行動時間	創建時間	更新時間
1	Sean	Callahan	CONVERTED	555-1246		2019-01-31T 10:02:40.32Z	2019-01-31T 10:02:40.32Z
2	Sarah	Estrada	CLOSED	555-4395		2019-03-29T 22:01:41.44Z	2019-03-29T 22:01:41.44Z
3	Stephanie	Brown	CLOSED	555-1176		2019-04-15T 23:08:45.59Z	2019-04-15T 23:08:45.59Z
4	Sami	Calhoun	CLOSED	555-1850		2019-04-25T 05:42:17.07Z	2019-04-25T 05:42:17.07Z
5	William	Smith	CONVERTED	555-3013		2019-05-14T 04:43:57.51Z	2019-05-14T 04:43:57.51Z
6	Sabri	Chan	NEW_LEAD	555-2900		2019-06-19T 15:01:49.68Z	2019-06-19T 15:01:49.68Z
7	Samantha	Espinosa	NEW_LEAD	555-8861		2019-07-17T 13:09:59.32Z	2019-07-17T 13:09:59.32Z
8	Hani	Cronin	CLOSED	555-3018		2019-10-09T 11:40:17.13Z	2019-10-09T 11:40:17.13Z
9	Sian	Espinoza	FOLLOWUP_SET	555-6461	2019-12-04T 01:49:08.05Z	2019-12-04T 01:49:08.05Z	2019-12-04T 01:49:08.05Z
10	Sophia	Escamilla	CLOSED	555-4090		2019-12-06T 09:12:32.56Z	2019-12-06T 09:12:32.56Z
11	William	White	FOLLOWUP_SET	555-1187	2020-01-23T 00:33:13.88Z	2020-01-23T 00:33:13.88Z	2020-01-23T 00:33:13.88Z
12	Casey	Davis	CONVERTED	555-8101		2020-05-20T 09:52:55.95Z	2020-05-27T 12:38:44.12Z
13	Walter	Connor	NEW_LEAD	555-4753		2020-04-20T 06:52:55.95Z	2020-04-20T 06:52:55.95Z
14	Sophie	Garcia	CONVERTED	555-1284		2020-05-06T 18:47:04.70Z	2020-05-06T 18:47:04.70Z
15	Sally	Evans	PAYMENT_FAILED	555-3230		2020-06-04T 14:51:06.15Z	2020-06-04T 14:51:06.15Z
16	Scott	Chatman	NEW_LEAD	555-6953		2020-06-09T 09:07:05.23Z	2020-06-09T 09:07:05.23Z
17	Stephen	Pinkman	CONVERTED	555-2326		2020-07-20T 00:56:59.94Z	2020-07-20T 00:56:59.94Z
18	Sara	Elliott	PENDING_PAYMENT	555-2620		2020-08-12T 17:39:43.25Z	2020-08-12T 17:39:43.25Z
19	Sadie	Edwards	FOLLOWUP_SET	555-8163	2020-10-22T 12:40:03.98Z	2020-10-22T 12:40:03.98Z	2020-10-22T 12:40:03.98Z
20	William	Smith	PENDING_PAYMENT	555-9273		2020-11-13T 08:14:07.17Z	2020-11-13T 08:14:07.17Z

很明顯，該表用於管理電話行銷系統中的潛在客戶（leads）。對於每位潛在客戶，您可以查看他們的 ID、名字和姓氏、創建和更新記錄的時間、電話號碼，以及目前的狀態。

透過檢查各種狀態，我們還可以假設每位潛在客戶經歷的處理週期：

- 銷售流程從處於 NEW_LEAD 狀態的潛在客戶開始。

- 銷售電話可以在某人對報價不感興趣（潛在客戶是 CLOSED）、安排後續電話（FOLLOWUP_SET），或是接受報價（PENDING_PAYMENT）時結束。

- 如果付款成功，潛在客戶將被 CONVERTED 為客戶。相反的，付款可能會失敗 —— PAYMENT_FAILED。

僅透過分析表的模式和儲存在其中的資料，我們就可以收集到相當多的資訊。我們甚至可以假設在對資料進行建模時使用了哪種統一語言，但是該表中缺少了哪些資訊？

該表的資料記錄了潛在客戶的目前狀態，但它忽略了每位潛在客戶如何達到目前狀態的故事。我們無法分析潛在客戶生命週期中發生的事情，我們不知道在潛在客戶成為 CONVERTED 之前被打了多少通電話，是立刻購買，還是經過了漫長的銷售過程？根據歷史資料，是否值得在多次後續行動後還嘗試聯繫一個人，還是要更有效率地關閉此潛在客戶，並轉向更有希望的潛在客戶？這些資訊都不存在，我們所知道的只有潛在客戶的目前狀態。

這些問題反映了對最佳化銷售流程而言必要的業務問題。從業務的角度來看，分析資料並根據經驗最佳化流程至關重要。彌補缺失資訊的方法之一是使用事件源。

事件源模式將時間維度導入資料模型，和反映聚合目前狀態的架構不同，基於事件源的系統持久化了記錄聚合生命週期中每一次更改的事件。

想想看表 7-1 中第 12 行的 CONVERTED 客戶。以下列表展示了這個人的資料將如何在事件源系統中表示：

```
{
    "lead-id": 12,
    "event-id": 0,
    "event-type": "lead-initialized",
    "first-name": "Casey",
    "last-name": "David",
    "phone-number": "555-2951",
    "timestamp": "2020-05-20T09:52:55.95Z"
},
{
```

```
        "lead-id": 12,
        "event-id": 1,
        "event-type": "contacted",
        "timestamp": "2020-05-20T12:32:08.24Z"
    },
    {
        "lead-id": 12,
        "event-id": 2,
        "event-type": "followup-set",
        "followup-on": "2020-05-27T12:00:00.00Z",
        "timestamp": "2020-05-20T12:32:08.24Z"
    },
    {
        "lead-id": 12,
        "event-id": 3,
        "event-type": "contact-details-updated",
        "first-name": "Casey",
        "last-name": "Davis",
        "phone-number": "555-8101",
        "timestamp": "2020-05-20T12:32:08.24Z"
    },
    {
        "lead-id": 12,
        "event-id": 4,
        "event-type": "contacted",
        "timestamp": "2020-05-27T12:02:12.51Z"
    },
    {
        "lead-id": 12,
        "event-id": 5,
        "event-type": "order-submitted",
        "payment-deadline": "2020-05-30T12:02:12.51Z",
        "timestamp": "2020-05-27T12:02:12.51Z"
    },
    {
        "lead-id": 12,
        "event-id": 6,
        "event-type": "payment-confirmed",
        "status": "converted",
        "timestamp": "2020-05-27T12:38:44.12Z"
    }
```

列表中的事件講述了客戶的故事。潛在客戶在系統中被創建（事件 0），並在大約兩個小時之後由銷售人員聯繫（事件 1）。在電話中，彼此同意讓銷售人員在一週後回電（事件 2），但致電到不同的電話號碼（事件 3），銷售人員還修正了姓氏的拼寫錯誤（事件 3）。

在約定的日期和時間（事件 4）聯繫了潛在客戶並送出訂單（事件 5），此訂單要在三天內付款（事件 5），但大約半小時後就收到了款項（事件 6），而且潛在客戶轉換為新客戶。

正如我們之前看到的，客戶的狀態可以很容易地從這些領域事件中推算出來。我們所要做的就是把簡單的轉換邏輯依序應用在每個事件當中：

```
public class LeadSearchModelProjection
{
    public long LeadId { get; private set; }
    public HashSet<string> FirstNames { get; private set; }
    public HashSet<string> LastNames { get; private set; }
    public HashSet<PhoneNumber> PhoneNumbers { get; private set; }
    public int Version { get; private set; }

    public void Apply(LeadInitialized @event)
    {
        LeadId = @event.LeadId;
        FirstNames = new HashSet<string>();
        LastNames = new HashSet<string>();
        PhoneNumbers = new HashSet<PhoneNumber>();
        FirstNames.Add(@event.FirstName);
        LastNames.Add(@event.LastName);
        PhoneNumbers.Add(@event.PhoneNumber);
        Version = 0;
    }

    public void Apply(ContactDetailsChanged @event)
    {
        FirstNames.Add(@event.FirstName);
        LastNames.Add(@event.LastName);
        PhoneNumbers.Add(@event.PhoneNumber);
        Version += 1;
    }

    public void Apply(Contacted @event)
    {
        Version += 1;
    }

    public void Apply(FollowupSet @event)
    {
        Version += 1;
    }

    public void Apply(OrderSubmitted @event)
    {
```

```
        Version += 1;
    }

    public void Apply(PaymentConfirmed @event)
    {
        Version += 1;
    }
}
```

迭代聚合的事件並把它們依序輸入到 Apply 方法（method）的合適覆寫（overrides），這將精確地產生狀態的表示，它以資料表被建模在表 7-1 中。

請注意採用每個事件之後而遞增的 Version 欄位，它的值表示對業務實體（entity）所做的修改總數。此外，假設我們採用事件的一個子集合，在這種情況下，我們可以「穿越時間」：我們可以透過僅採用相關事件來推算實體在其生命週期任何時間點的狀態。例如，如果我們需要版本 5 中的實體狀態，我們可以只採用前五個事件。

最後，我們不僅限於推算事件的單一狀態表示！想想看以下情境。

搜尋

您必須實作搜尋，但由於潛在客戶的聯繫資訊（名字、姓氏和電話號碼）可以被更新，銷售人員可能沒有意識到其他人採用的更改，而且可能希望使用潛在客戶的聯繫資訊包括歷史值來定位他們，我們可以很容易地推算歷史資訊：

```
public class LeadSearchModelProjection
{
    public long LeadId { get; private set; }
    public HashSet<string> FirstNames { get; private set; }
    public HashSet<string> LastNames { get; private set; }
    public HashSet<PhoneNumber> PhoneNumbers { get; private set; }
    public int Version { get; private set; }

    public void Apply(LeadInitialized @event)
    {
        LeadId = @event.LeadId;
        FirstNames = new HashSet<string>();
        LastNames = new HashSet<string>();
        PhoneNumbers = new HashSet<PhoneNumber>();

        FirstNames.Add(@event.FirstName);
        LastNames.Add(@event.LastName);
        PhoneNumbers.Add(@event.PhoneNumber);
```

```
        Version = 0;
    }

    public void Apply(ContactDetailsChanged @event)
    {
        FirstNames.Add(@event.FirstName);
        LastNames.Add(@event.LastName);
        PhoneNumbers.Add(@event.PhoneNumber);

        Version += 1;
    }

    public void Apply(Contacted @event)
    {
    Version += 1;
    }

    public void Apply(FollowupSet @event)
    {
    Version += 1;
    }

    public void Apply(OrderSubmitted @event)
    {
    Version += 1;
    }

    public void Apply(PaymentConfirmed @event)
    {
    Version += 1;
    }
}
```

推算邏輯使用 LeadInitialized 和 ContactDetailsChanged 事件來填入潛在客戶各自的個人細節集合。其他事件被忽略，因為它們不影響特定模型的狀態。

將此推算邏輯應用於前面範例中 Casey Davis 的事件將會產生以下的狀態：

```
LeadId: 12
FirstNames: ['Casey']
LastNames: ['David', 'Davis']
PhoneNumbers: ['555-2951', '555-8101']
Version: 6
```

分析

您的商業智慧（business intelligence）部門要求您提供對潛在客戶資料更易於分析的表示。對於他們目前的研究，他們希望獲得為不同潛在客戶安排後續電話的數量，之後他們將過濾已轉換和已關閉的潛在客戶資料，並使用該模型來最佳化銷售流程，讓我們來推算他們要求的資料：

```
public class AnalysisModelProjection
{
    public long LeadId { get; private set; }
    public int Followups { get; private set; }
    public LeadStatus Status { get; private set; }
    public int Version { get; private set; }

    public void Apply(LeadInitialized @event)
    {
        LeadId = @event.LeadId;
        Followups = 0;
        Status = LeadStatus.NEW_LEAD;
        Version = 0;
    }

    public void Apply(Contacted @event)
    {
        Version += 1;
    }

    public void Apply(FollowupSet @event)
    {
        Status = LeadStatus.FOLLOWUP_SET;
        Followups += 1;
        Version += 1;
    }

    public void Apply(ContactDetailsChanged @event)
    {
        Version += 1;
    }

    public void Apply(OrderSubmitted @event)
    {
        Status = LeadStatus.PENDING_PAYMENT;
        Version += 1;
    }

    public void Apply(PaymentConfirmed @event)
```

```
        {
            Status = LeadStatus.CONVERTED;
            Version += 1;
        }
    }
```

上述邏輯維護了一個計數器（counter），用來記錄潛在客戶事件中出現後續事件的次數。如果我們將此推算應用於聚合事件的範例，它會產生以下狀態：

```
LeadId: 12
Followups: 1
Status: Converted
Version: 6
```

前面範例中實作的邏輯將搜尋最佳化和分析最佳化的模型推算存到記憶體中。但是，要實際實作所需的功能，我們必須將推算模型保存在資料庫中。在第 8 章中，您將學習一種讓我們能這樣做的模式：命令查詢職責分離（command-query responsibility segregation，CQRS）。

事實來源

要讓事件源模式起作用，對物件狀態的所有更改都應該作為事件來表示並持久化，這些事件成為系統的事實來源（因此這個模式有此名稱），這個過程如圖 7-1 所示。

圖 7-1　事件源的聚合

儲存系統事件的資料庫是唯一高度一致的存放區：系統的事實來源。用於持久化事件的資料庫，它公認的名稱是事件存放區（event store）。

事件存放區

事件存放區不該允許更改或刪除事件[2]，因為它是唯附加（append-only）的存放區。為了支援事件源模式的實作，事件存放區至少必須支援以下功能：獲取屬於特定業務實體的所有事件並附加事件。例如：

```
interface IEventStore
{
    IEnumerable<Event> Fetch(Guid instanceId);
    void Append(Guid instanceId, Event[] newEvents, int expectedVersion);
}
```

Append 方法中的 expectedVersion 參數是實作樂觀並行（optimistic concurrency）管理所需的：當您附加新事件時，您還指定了您決策基於的實體版本。如果它是過時的，就在預期的版本之後增加新事件，事件存放區應該引發並行例外（exception）。

在大多數系統中，實作 CQRS 模式需要額外的端點（endpoints），我們將在下一章討論。

本質上，事件源模式並不是什麼新鮮事。金融業使用事件來表示帳本（ledger）中的更改，帳本是記錄交易的唯附加日誌，當前狀態（例如，帳戶餘額）總是可以透過「推算」帳本的記錄導出。

事件源領域模型

原始的領域模型維護其聚合的狀態表示，並發出特定領域事件。事件源領域模型專門使用領域事件來對聚合的生命週期進行建模，對聚合狀態的所有更改都必須表示為領域事件。

事件源聚合上的每項操作都遵循以下腳本：

- 載入聚合的領域事件。

- 重組狀態的表示——將事件推算到可用於制定業務決策的狀態表示中。

- 執行聚合的命令來執行業務邏輯，進而產生新的領域事件。

- 將新的領域事件提交到事件存放區。

回到第 6 章中 Ticket 聚合的範例，讓我們來看看它是如何實作成事件源聚合。

2　資料遷移等特殊情況下除外。

應用程式服務遵循前面描述的腳本:它載入相關工單的事件、為聚合實例(instance)補水(rehydrates)、呼叫相關命令,並將更改持久化回資料庫中:

```
01  public class TicketAPI
02  {
03      private ITicketsRepository _ticketsRepository;
04      ...
05
06      public void RequestEscalation(TicketId id, EscalationReason reason)
07      {
08          var events = _ticketsRepository.LoadEvents(id);
09          var ticket = new Ticket(events);
10          var originalVersion = ticket.Version;
11          var cmd = new RequestEscalation(reason);
12          ticket.Execute(cmd);
13          _ticketsRepository.CommitChanges(ticket, originalVersion);
14      }
15
16      ...
17  }
```

建構函式(constructor)中 Ticket 聚合的補水邏輯(第 27 到 31 行)實例化了一個狀態推算器類別 TicketState 的實例,並為每張工單的事件順序呼叫其 AppendEvent 方法:

```
18  public class Ticket
19  {
20      ...
21      private List<DomainEvent> _domainEvents = new List<DomainEvent>();
22      private TicketState _state;
23      ...
24
25      public Ticket(IEnumerable<IDomainEvents> events)
26      {
27          _state = new TicketState();
28          foreach (var e in events)
29          {
30              AppendEvent(e);
31          }
32      }
```

AppendEvent 將傳入的事件傳遞給 TicketState 推算邏輯,進而產生工單在記憶體中的當前狀態表示:

```
33      private void AppendEvent(IDomainEvent @event)
34      {
35          _domainEvents.Append(@event);
36          // Dynamically call the correct overload of the "Apply" method.
```

```
37          ((dynamic)state).Apply((dynamic)@event);
38      }
```

和我們在前一章看到的實作相反，事件源聚合的 RequestEscalation 方法沒有明確地
將 IsEscalated 旗標（flag）設置為 true。相反的，它實例化適合的事件並把它傳遞給
AppendEvent 方法（第 43 和 44 行）：

```
39      public void Execute(RequestEscalation cmd)
40      {
41          if (!_state.IsEscalated && _state.RemainingTimePercentage <= 0)
42          {
43              var escalatedEvent = new TicketEscalated(_id, cmd.Reason);
44              AppendEvent(escalatedEvent);
45          }
46      }
47
48      ...
49  }
```

增加到聚合事件集合中的所有事件都將傳遞給 TicketState 類別中的狀態推算邏輯，其中
相關欄位的值根據事件的資料發生變化：

```
50  public class TicketState
51  {
52      public TicketId Id { get; private set; }
53      public int Version { get; private set; }
54      public bool IsEscalated { get; private set; }
55      ...
56      public void Apply(TicketInitialized @event)
57      {
58          Id = @event.Id;
59          Version = 0;
60          IsEscalated = false;
61          ....
62      }
63
64      public void Apply(TicketEscalated @event)
65      {
66          IsEscalated = true;
67          Version += 1;
68      }
69
70      ...
71  }
```

現在讓我們看看在實作複雜的業務邏輯時利用事件源的一些優點。

為什麼是「事件源領域模型」？

我覺得有必要解釋為什麼我使用術語事件源領域模型，而非僅僅是事件源。不論有沒有領域模型的建構區塊——都可以使用事件來表示狀態的轉換——事件源模式。因此，我更喜歡長期明確地聲明，我們正在使用事件源來表示領域模型聚合生命週期中的變化。

優點

和較傳統的模型相比，其聚合的當前狀態被持久化於資料庫中，事件源領域模型需要更多的精力來對聚合進行建模。然而，這種方法帶來了顯著的優點，使得該模式在許多情境中都值得考慮：

時間旅行

正如領域事件可用於重組聚合的當前狀態一樣，它們也可用於恢復聚合的所有過去狀態。換句話說，您總是可以重組聚合所有過去的狀態。

這通常在分析系統行為、檢查系統決策和最佳化業務邏輯時完成。

重組過去狀態的另一個常見使用案例是追溯（retroactive）除錯：您可以把聚合恢復到觀察到錯誤時的確切狀態。

深入洞察

在本書的第一部分中，我們看到最佳化核心子領域對業務具有重要的戰略意義，事件源提供了對系統狀態和行為的深入洞察。正如您在本章前面所了解的，事件源提供了讓事件轉換為不同狀態表示的彈性模型——您永遠可以增加新的推算，以利用現有事件的資料來提供額外的洞察。

稽核日誌

持久化的領域事件代表高度一致的稽核日誌（audit log），它記錄了發生在聚合狀態上的所有事。法律要求某些業務領域要實行這類稽核日誌，而事件源提供了開箱即用的功能。

該模型對於管理貨幣或貨幣交易的系統特別方便，它使我們能夠輕鬆追蹤系統的決策和帳戶之間的資金流向。

進階的樂觀並行管理

當讀取的資料變得過時——被另一個程序覆寫——當它正在被寫入時,經典的樂觀並行模型會引發例外。

使用事件源時,我們可以更深入地了解在讀取現有事件和寫入新事件之間究竟發生了什麼。您可以查詢同時附加到事件存放區的確切事件,並制定業務領域驅動的決策以確認新事件是否和嘗試的操作發生衝突,還是附加的事件是不相關的,而且可以安全地繼續進行。

缺點

到目前為止,事件源領域模型似乎是實作業務邏輯的最終模式,因此應該盡可能地經常使用。當然,這和讓業務領域的需求驅動設計決策的原則相抵觸。因此,讓我們討論一下該模式帶來的一些挑戰:

學習曲線

該模式的明顯缺點是它與傳統的資料管理技術有很大的不同,模式的成功實作需要團隊的培訓和時間來適應新的思維方式。除非團隊已經有實作事件源系統的經驗,否則必須把學習曲線納入考量。

發展模型

發展事件源模型可能具有挑戰性,事件源的嚴格定義表明了事件是不可變的(immutable)。但是,如果您需要調整事件的綱要(schema)怎麼辦?這個過程並不像更改資料表綱要那麼簡單。事實上,光是關於這個主題就有一整本書被撰寫出來:Greg Young 所 著 的《*Versioning in an Event Sourced System*》(*https://leanpub.com/esversioning*)。

架構複雜度

事件源的實作引入了許多架構上的「移動部分」,使整體設計更加複雜。這個主題將會在下一章更詳細地介紹,當我們討論到 CQRS 架構時。

如果手上的任務不能驗證使用該模式的合理性,而是可以透過更簡單的設計來解決,那麼所有這些挑戰都會更加嚴峻。在第 10 章中,您將學習一些簡單的經驗法則,這些可以幫助您決定使用哪種業務邏輯的實作模式。

常見問題

當工程師被介紹到事件源模式時,他們經常會問幾個常見的問題,所以我覺得有必要在本章中解決這些問題。

效能

從事件中重組聚合的狀態將對系統的效能產生負面影響,效能會隨著事件的增加而降級,這怎麼可能可行?

將事件推算成狀態表示確實需要計算能力,而且隨著將更多事件增加到聚合列表中,這種需求將會增長。

以基準(benchmark)衡量推算對效能的影響很重要:處理數百或數千個事件的影響。應該將結果和聚合的預期壽命 —— 平均壽命期間預期會記錄的事件數量 —— 進行比較。

在大多數系統中,只有在每個聚合超過 10,000 個事件之後,對效能的影響才會明顯。儘管如此,在絕大多數的系統中,聚合的平均壽命不會超過 100 個事件。

在推算狀態確實成為效能問題的極少數情況下,可以實作另一種模式:快照(snapshot)。這種模式如圖 7-2 所示,實作了以下步驟:

- 一個程序不斷迭代事件存放區中的新事件、產生相對應的推算,並將它們儲存在快取(cache)中。

- 需要記憶體中的推算來對聚合執行動作,在這種情況下:
  - 程序從快取中獲取當前的狀態推算。
  - 程序從事件存放區獲取快照版本之後的事件。
  - 增加的事件在記憶體中被採用於快照。

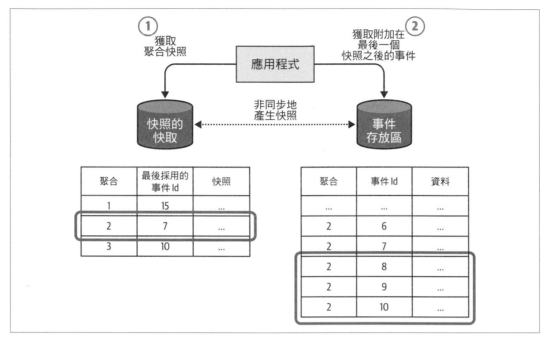

圖 7-2　快照一個聚合的事件

值得重申的是,快照模式是一種必須被驗證的最佳化。如果您系統中的聚合不會持久化 10,000 多個事件,那麼實作快照模式只是一種意外的複雜度。但在您動手實作快照模式之前,我建議您先退後一步並再次檢查聚合的邊界。

此模型產生了大量的資料,它可以擴展嗎?

事件源模型易於擴展(scale),由於所有和聚合相關的操作都是在單一聚合的上下文中完成的,所以事件存放區可以透過聚合 IDs 被分片(sharded):屬於聚合實例的所有事件都應該留在單一的分片中(見圖 7-3)。

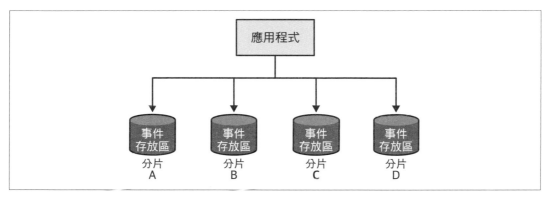

圖 7-3　對事件存放區做分片

刪除資料

事件存放區是一個唯附加的資料庫，但如果我確實需要實際刪除資料怎麼辦？例如遵守 *GDPR*[3]？

> 這個需求可以透過可遺忘負載模式（forgettable payload pattern）來解決：所有敏感資訊都以加密形式包含在事件中。加密金鑰（key）儲存在外部的鍵—值（key-value）存放區：金鑰存放區，其中金鑰是特定聚合的 ID，值是加密金鑰。當必須刪除敏感資料時，從金鑰存放區中刪除加密金鑰。因此，事件中包含的敏感資訊就無法再被存取到。

為什麼我不能直接⋯⋯？

為什麼我不能直接把日誌寫入文字檔案，並把它當成稽核日誌來使用？

> 把資料同時寫入操作型資料庫（operational database）和日誌文件（logfile）是一個容易出錯的操作。本質上來說，它是針對兩種儲存機制的事務（transaction）：資料庫和文件。如果第一個失敗，則第二個必須轉返（rolled back）。例如，如果一個資料庫事務失敗，沒有人會在乎要去刪除之前的日誌訊息。因此，這樣的日誌並不一致，但更確切地說，是最終的不一致。

3　一般資料保護規則（General Data Protection Regulation）。（出版年份不詳）擷取自 2021 年 6 月 14 日，源自維基百科（*https://oreil.ly/08px7*）。

為什麼我不能繼續使用基於狀態的模型，而是要在同一個資料庫事務中，把日誌附加到日誌資料表中呢？

從基礎設施的角度來看，這種方法確實提供了狀態和日誌記錄之間的一致性同步，但是，它仍然容易出錯。如果之後要在程式碼庫（codebase）上工作的工程師忘記附加適當的日誌記錄該怎麼辦？

此外，當使用基於狀態的表示作為事實來源時，額外的日誌資料表綱要通常會迅速退化成混亂，無法強制寫入所有需要的資訊，而且是以正確的格式寫入。

為什麼我不能直接繼續使用基於狀態的模型，而是要增加一個資料庫觸發器（trigger），該觸發器將拍攝記錄的快照，並把它複製到專用的「歷史」資料表中？

這種方法克服了前一種方法的缺點：無需明確手動呼叫即可將記錄附加到日誌資料表中。儘管如此，由此產生的歷史只包含未加渲染的事實：哪些欄位被更改了，它忽略了業務上下文：欄位更改的原因。缺乏「為什麼（why）」極大地限制了推算額外模型的能力。

總結

本章解釋了事件源模式，以及它在領域模型聚合中為時間維度建模的應用。

在事件源領域模型中，對聚合狀態的所有更改都表示為一系列的領域事件。這和較傳統的方法形成對比，在傳統方法中，狀態更改只是更新資料庫中的記錄。產生的領域事件可用於推算聚合的當前狀態，此外，基於事件的模型使我們能夠彈性地將事件推算到多個表示模型中，每個模型都針對特定任務進行了最佳化。

這種模式適用於深入洞察系統資料至關重要的情況下，無論是為了分析和最佳化，還是因為法律要求的稽核日誌。

本章完成了我們對建模和實作業務邏輯不同方法的探討。在下一章中，我們將把注意力轉移到屬於更高視野的模式：架構模式（architectural patterns）。

練習

1. 關於領域事件和值物件之間的關係，以下何者說法是正確的？

    A. 領域事件使用值物件來描述業務領域中發生的事情。

    B. 在實作事件源領域模型時，值物件應該重構為事件源聚合。

    C. 值物件和領域模型模式相關，而且在事件源領域模型中被領域事件所取代。

    D. 以上所有說法都不正確。

2. 關於從一系列事件中推算狀態的選項，以下何者說法是正確的？

    A. 單個狀態表示可以從聚合的事件中推算出來。

    B. 可以推算多個狀態表示，但必須以支援多個推算的方式對領域事件進行建模。

    C. 可以推算多個狀態表示，而且您永遠可以在未來增加其他推算。

    D. 以上所有說法都不正確。

3. 關於基於狀態的聚合和基於事件的聚合之間的差異，以下何者說法是正確的？

    A. 事件源聚合可以產生領域事件，而基於狀態的聚合不能產生領域事件。

    B. 聚合模式的兩種變形（variants）都會產生領域事件，但只有事件源聚合使用領域事件作為事實來源。

    C. 事件源聚合確保為每個狀態的轉換產生領域事件。

    D. B 和 C 都是正確的。

4. 回到本書前言中描述的 WolfDesk 公司，該系統的哪些功能適合實作為事件源領域模型？

第八章

架構模式

本書到目前為止討論的戰術模式定義了建模和實作業務邏輯的不同方法。在本章中,我們將在更廣泛的上下文(context)中探討戰術設計的決策:編排系統元件之間互動和依賴關係的不同方式。

業務邏輯 vs. 架構模式

業務邏輯是軟體中最重要的部分;但是,它不是軟體系統的唯一部分。為了實作功能性和非功能性的需求,程式碼庫(codebase)必須完成更多職責。它必須和使用者互動以收集輸入並提供輸出,它必須使用不同的儲存機制來持久化(persist)狀態,並且與外部系統及資訊供應商整合。

程式碼庫必須留意的各種問題使其業務邏輯很容易分散於不同的元件之間:也就是說,一些邏輯要在使用者介面或資料庫中實作,或是被複製到不同的元件之中。在實作問題上缺乏嚴謹的組織會使程式碼庫很難更改,當業務邏輯必須更改時,可能不清楚程式碼庫的哪些部分不得不受到此更改的影響。這個更改可能會對系統中看似無關的部分產生意想不到的影響,反而可能會容易忽略掉必須修改的程式碼。所有這些問題都大大增加了維護程式碼庫的成本。

架構模式為程式碼庫的不同面向導入了組織原則,並在它們之間呈現了清晰的邊界:業務邏輯如何連接到系統的輸入、輸出,以及其他基礎設施元件。這會影響到這些元件如何彼此互動:它們共享哪些知識,以及元件如何互相參考。

選擇合適的方式來組織程式碼庫或正確的架構模式,對於在短期上支持業務邏輯的實作,以及在長期上減輕維護負擔來說是至關重要的。讓我們來探討三種主要的應用程式架構模式及其使用案例：分層架構（layered architecture）、埠和適配器（ports & adapters）、CQRS。

分層架構

分層架構是最常見的架構模式之一。它將程式碼庫組織成水平的層，每一層都解決以下的技術問題之一：和客戶的互動、實作業務邏輯，以及持久化資料。您可以在圖 8-1 中看到這一點。

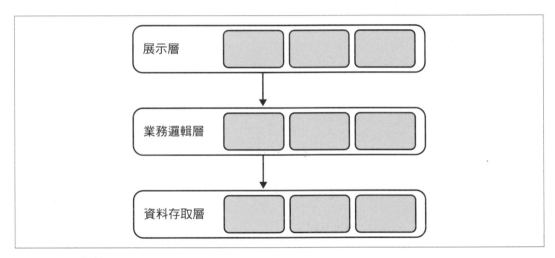

圖 8-1　分層架構

在它經典的形式中，分層架構由三層組成：展示層（presentation layer，PL）、業務邏輯層（business logic layer，BLL）、資料存取層（data access layer，DAL）。

展示層

展示層，如圖 8-2 所示，實作了程式的使用者介面，用來和客戶進行互動。在此模式的原始形式中，該層表示圖形介面（graphical interface），例如 web 介面或桌面應用程式。

然而，在現代的系統中，展示層具有更廣泛的範圍：即是觸發程式行為的所有方法，同步（synchronous）和非同步（asynchronous）都有。例如：

- 圖形使用者介面（Graphical user interface，GUI）
- 命令行介面（Command-line interface，CLI）

- 用於和其他系統進行程式設計整合的 API

- 訂閱訊息代理（message broker）中的事件

- 用於發布輸出事件的訊息主題

所有這些都是系統從外部環境接收請求（requests）並傳遞輸出的方法。嚴格來說，展示層是程式的公開介面（public interface）。

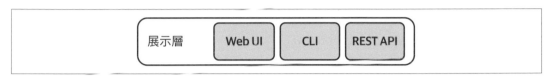

圖 8-2　展示層

業務邏輯層

顧名思義，這一層負責實作並封裝程式的業務邏輯，這是執行業務決策的地方。正如 Eric Evans 所言[1]，這一層是軟體的核心。

這一層是實作第 5-7 章中描述業務邏輯模式的地方——例如，主動記錄（active records）或領域模型（domain model）（見圖 8-3）。

圖 8-3　業務邏輯層

資料存取層

資料存取層提供了對持久化機制的存取。在此模式的原始形式中，指的是系統的資料庫。但是，和展示層的情況一樣，這層的職責對於現代系統來說更為廣泛。

首先，自從 NoSQL 的革命爆發以來，系統和多個資料庫一起運作是很常見的。例如，文件存放區（document store）可以充當操作型資料庫（operational database）、用於動態查詢的搜尋索引，以及用於效能最佳化操作的記憶體中資料庫。

1　Evans, E. (2003). *Domain-Driven Design: Tackling Complexity in the Heart of Software*. Boston: Addison-Wesley.

其次，傳統資料庫並不是儲存資訊的唯一媒介。例如，基於雲端（cloud）的物件存放區（object storage）[2] 可以用來儲存系統的文件，或者訊息匯流排（message bus）可用於編排程式不同功能之間的溝通。[3]

最後，這一層還包括整合實作程式功能所需的各種外部資訊供應商：外部系統提供的 APIs 或雲端供應商管理的服務，例如：語言翻譯、股市資料，以及音訊轉錄（transcription）（見圖 8-4）。

圖 8-4　資料存取層

層與層之間的溝通

這些層被整合在一個由上而下的溝通模型中：每一層只能持有和它正下方層的依賴關係，如圖 8-5 所示。這迫使實作問題的解耦（decoupling），並降低了層與層之間的知識共享。在圖 8-5 中，展示層僅參考業務邏輯層，它對資料存取層中制定的設計決策一無所知。

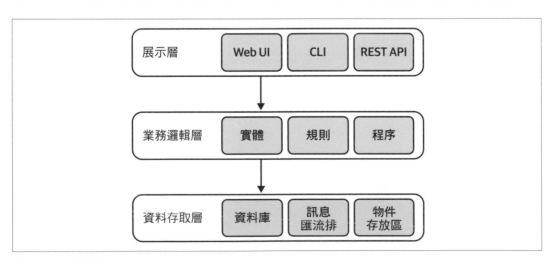

圖 8-5　分層架構

2　例如 AWS S3 或 Google Cloud Storage。

3　在這個上下文中，訊息匯流排用於系統的內部需求。如果它被公開地揭露出來，它會屬於展示層。

變異

很常會看到分層架構模式擴展出額外一層：服務層（service layer）。

服務層

以一個服務層來定義應用程式的邊界，此服務層建立了一組可用的操作，並在每個操作中協調應用程式的回應。

—Patterns of Enterprise Application Architecture[4]

服務層作為程式的展示層和業務邏輯層之間的中介。想想看以下程式碼：

```
namespace MvcApplication.Controllers
{
    public class UserController: Controller
    {
        ...

        [AcceptVerbs(HttpVerbs.Post)]
        public ActionResult Create(ContactDetails contactDetails)
        {
            OperationResult result = null;

            try
            {
                _db.StartTransaction();

                var user = new User();
                user.SetContactDetails(contactDetails)
                user.Save();

                _db.Commit();
                result = OperationResult.Success;
            } catch (Exception ex) {
                _db.Rollback();
                result = OperationResult.Exception(ex);
            }

            return View(result);
        }
    }
}
```

4　Fowler, M. (2002). *Patterns of Enterprise Application Architecture*. Boston: Addison-Wesley.

此範例的 MVC 控制器（controller）屬於展示層，它揭露了一個創建新使用者的端點（endpoint）。此端點使用 User 主動記錄物件來創建一個新實例（instance）並儲存它。此外，它編排資料庫事務（transaction）以確保在發生錯誤時產生適當的回應。

為了進一步解耦展示層和下層的業務邏輯，可以把這種編排邏輯移到服務層，如圖 8-6 所示。

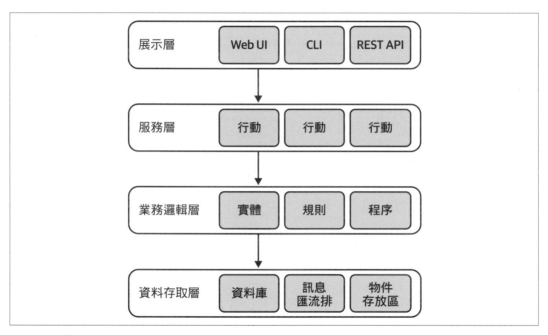

圖 8-6　服務層

重要的是要注意，在架構模式的上下文中，服務層是一個邏輯邊界，而不是實際的服務。

服務層作為業務邏輯層的表面：它揭露一個和公開介面方法（methods）相對應的介面、封裝下層所需的編排。例如：

```
interface CampaignManagementService
{
  OperationResult CreateCampaign(CampaignDetails details);
  OperationResult Publish(CampaignId id, PublishingSchedule schedule);
  OperationResult Deactivate(CampaignId id);
  OperationResult AddDisplayLocation(CampaignId id, DisplayLocation newLocation);
  ...
}
```

上述所有方法都對應到系統的公開介面。但是，它們缺乏和展示相關的實作細節。展示層的職責僅限於向服務層提供所需的輸入，並將回應傳回給呼叫者（caller）。

讓我們重構前面的範例，並將編排邏輯提取進服務層中：

```csharp
namespace ServiceLayer
{
    public class UserService
    {
        ...

        public OperationResult Create(ContactDetails contactDetails)
        {
            OperationResult result = null;

            try
            {
                _db.StartTransaction();

                var user = new User();
                user.SetContactDetails(contactDetails)
                user.Save();

                _db.Commit();
                result = OperationResult.Success;
            } catch (Exception ex) {
                _db.Rollback();
                result = OperationResult.Exception(ex);
            }

            return result;
        }

        ...
    }
}

namespace MvcApplication.Controllers
{
    public class UserController: Controller
    {
        ...

        [AcceptVerbs(HttpVerbs.Post)]
        public ActionResult Create(ContactDetails contactDetails)
        {
            var result = _userService.Create(contactDetails);
```

```
                return View(result);
            }
        }
    }
```

擁有明確的服務層有許多好處：

- 我們可以再利用（reuse）同一個服務層來服務多個公開介面；例如，圖形使用者介面和 API，而不需要複製編排邏輯。

- 它透過把所有相關的方法集中在一個地方來增進模組化（modularity）。

- 它進一步解耦了展示層和業務邏輯層。

- 它使測試業務功能更加容易。

儘管如此，服務層並不總是必要。例如，當業務邏輯被實作為事務腳本（transaction script）時，它本質上是一個服務層，因為它已經揭露了一組形成系統公開介面的方法。在這種情況下，服務層的 API 只會重複事務腳本的公開介面，而不抽象化或封裝任何的複雜度。因此，服務層或業務邏輯層擇一就足夠了。

另一方面，如果業務邏輯模式需要外部的編排，則需要服務層，例如主動記錄模式。在這種情況下，服務層實作了事務腳本模式，而它所操作的主動記錄位於業務邏輯層中。

術語

在其他地方，您可能會遇到用於分層架構的其他術語：

- 展示層 = 使用者介面層（user interface layer）

- 服務層 = 應用層（application layer）

- 業務邏輯層 = 領域層（domain layer）= 模型層（model layer）

- 資料存取層 = 基礎設施層（infrastructure layer）

為了消除混淆，我使用了原本的術語來呈現模式，儘管如此，我偏好「使用者介面層」和「基礎設施層」，因為這些術語更好地反映了現代系統和應用層的責任，以避免和服務的實體（physical）邊界混淆。

何時使用分層架構

業務邏輯和資料存取層之間的依賴關係，使這種架構模式非常適合使用事務腳本或主動記錄模式來實作業務邏輯的系統。

然而，該模式使得實作領域模型變得具有挑戰性。在領域模型中，業務實體（entities）（聚合（aggregates）和值物件（value objects））應該要沒有依賴關係，而且對下層的基礎設施一無所知，分層架構由上而下的依賴關係需要克服一些障礙來滿足此需求。在分層架構中實作領域模型仍然是有可能的，但我們接下來將討論的模式會更加適合。

可選擇的：**Layers vs. Tiers**

分層架構經常和 N-層（N-tier）架構混淆，反之亦然。儘管這兩種模式有其相似之處，但 layers 和 tiers 在概念上是不同的：layers 是邏輯（logical）邊界，而 tiers 是實體（physical）邊界。分層架構中的所有 layers 都受相同的生命週期約束：它們作為一個單一的單元來實作、演化和部署。另一方面，tier 是一個可以獨立部署的服務、伺服器，或是系統。例如，想想看圖 8-7 中的 N-層系統。

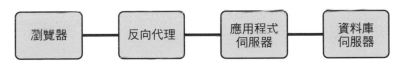

圖 8-7　N-層系統

此系統描述了基於 web 的系統中所涉及實體服務之間的整合，客戶使用能在桌上型電腦或行動裝置上運行的瀏覽器。瀏覽器與把請求轉發到實際 web 應用程式的反向代理（reverse proxy）進行互動，web 應用程式在 web 伺服器上運行，並和資料庫伺服器溝通，所有這些元件都可能運行在相同的實體伺服器上，例如容器（containers），或是分散在多個伺服器。但是，由於每個元件都可以獨立於其餘元件進行部署和管理，因此這些是 tiers 而不是 layers。

另一方面，layers 是 web 應用程式內部的邏輯邊界。

埠和適配器

埠和適配器架構解決了分層架構的缺點,更好地符合較複雜業務邏輯的實作。有趣的是,這兩種模式非常相似,讓我們將分層架構「重構」為埠和適配器。

術語

本質上,展示層和資料存取層都代表了與外部元件的整合:資料庫、外部服務,以及使用者介面框架。這些技術性的實作細節並不會反映系統的業務邏輯;因此,讓我們將所有這些基礎設施的問題統一進單一的「基礎設施層」中,如圖 8-8 所示。

圖 8-8 展示層和資料存取層組合成一個基礎設施層

依賴反向原則

依賴反向原則(dependency inversion principle,DIP)指出實作業務邏輯的高階(high-level)模組不應該依賴於低階(low-level)模組,但這正是傳統分層架構中發生的情況,業務邏輯層依賴於基礎設施層。為了符合 DIP,讓我們反轉這個關係,如圖 8-9 所示。

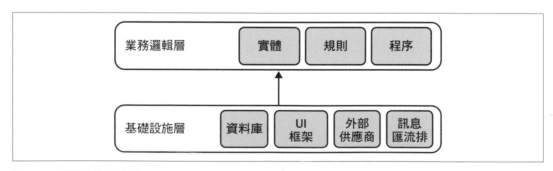

圖 8-9 反轉的依賴關係

現在業務邏輯層不再被夾在技術問題之間,而是扮演核心角色。它不依賴於系統的任何基礎設施元件。

最後，讓我們增加一個應用層[5]作為系統公開介面的表面。作為分層架構中的服務層，它描述了系統揭露的所有操作，並編排系統的業務邏輯來執行它們，產生的架構如圖 8-10 所示。

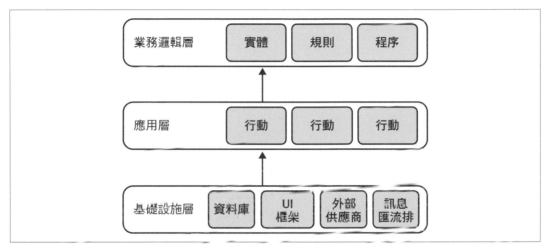

圖 8-10　埠和適配器架構的傳統層

圖 8-10 中描述的架構是埠和適配器架構模式。業務邏輯不依賴於任何下面的層，這是實作領域模型和事件源領域模型（event-sourced domain model）模式所需要的。

為什麼這種模式稱為埠和適配器？為了回答這個問題，讓我們來看看基礎設施元件是如何和業務邏輯整合的。

基礎設施元件的整合

埠和適配器架構的核心目標是解耦系統的業務邏輯和基礎設施元件。

業務邏輯層定義了必須由基礎設施層實作的「埠（ports）」，而不是直接參考並呼叫基礎設施的元件。為了和不同技術一起運作，基礎設施層實作了「適配器（adapters）」：埠介面的具體實作（見圖 8-11）。

5　由於我們不是在分層架構的上下文中，我將自由地使用術語應用層而不是服務層，因為它更好地反映了目的。

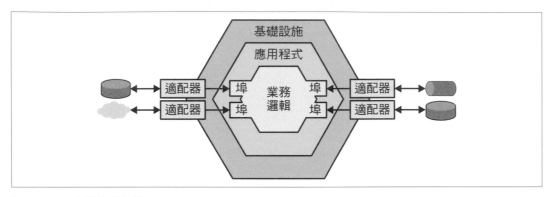

圖 8-11　埠和適配器架構

透過依賴注入（dependency injection）或引導（bootstrapping），抽象的埠被解析為基礎設施層中的具體適配器。

例如，這是一個用於訊息匯流排的可能埠定義和具體適配器：

```
namespace App.BusinessLogicLayer
{
    public interface IMessaging
    {
        void Publish(Message payload);
        void Subscribe(Message type, Action callback);
    }
}

namespace App.Infrastructure.Adapters
{
    public class SQSBus: IMessaging { ... }
}
```

變形

埠和適配器架構又稱為六邊形架構（hexagonal architecture）、洋蔥架構（onion architecture），以及整潔架構（clean architecture）。所有這些模式都基於相同的設計原則、擁有相同的元件，而且它們之間擁有相同的關係，但在分層架構的情況底下，術語可能會有所不同：

- 應用層＝服務層＝使用案例層（use case layer）

- 業務邏輯層＝領域層＝核心層（core layer）

儘管如此，這些模式可能會被錯誤地視為概念上的不同，這只是統一語言（ubiquitous language）重要性的另一個例子。

何時使用埠和適配器

業務邏輯和所有技術問題的解耦，使得埠和適配器架構非常適合用領域模型模式實作的業務邏輯。

命令—查詢職責分離

命令—查詢職責分離（command-query responsibility segregation，CQRS）模式基於與埠和適配器相同的組織原則，它們用於業務邏輯及基礎設施問題，但在管理系統資料的方式上有所不同，這種模式能夠在多個持久化模型中表示系統資料。

讓我們來看看為什麼我們也許需要這樣的解決方案，以及如何實作它。

混合建模

在許多情況下，若非不可能，使用系統業務領域的單一模型來解決系統所有需求可能是困難的。例如，如第 7 章所述，線上事務處理（online transaction processing，OLTP）和線上分析處理（online analytical processing，OLAP）可能需要系統資料的不同表示。

使用多個模型的另一個原因可能和混合持久化（polyglot persistence）的概念有關。沒有完美的資料庫，或正如 Greg Young[6] 所言，所有資料庫都有其各自不同方面的缺陷：我們必須經常平衡對規模、一致性，或所支援查詢模型（querying models）的需求。尋找完美資料庫的替代方案是混合持久化模型：使用多個資料庫來實作不同的資料相關需求。例如，單一系統可能使用文件存放區作為其操作型資料庫、資料欄存放區（column store）用於分析／報告，以及搜尋引擎用於實作穩固的（robust）搜尋功能。

最後，CQRS 模式與事件源密切相關。定義 CQRS 起初是為了解決事件源模型可能的有限查詢：一次只能查詢一個聚合實例的事件。CQRS 模式提供了將推算模型（projected model）具體化為能用於彈性查詢選項（querying options）的實體（physical）資料庫之可能性。

6　混合資料（*Polyglot data*），出自 *Greg Young*。（出版年份不詳）。擷取自 2021 年 6 月 14 日，源自 YouTube（*https://oreil.ly/3CdMw*）。

儘管如此，本章將 CQRS 從事件源「解耦」。我打算證明 CQRS 是有用的，即使業務邏輯是使用任何其他業務邏輯實作模式來實作的。

讓我們來看看 CQRS 如何允許使用多種儲存機制來表示系統資料的不同模型。

實作

顧名思義，該模式分離了系統模型的職責。有兩種類型的模型：命令執行模型（command execution model）和讀取模型（read models）。

命令執行模型

CQRS 使用單一模型來執行修改系統狀態的操作（系統命令），該模型被用來實作業務邏輯、驗證規則，以及強制執行固定規則（invariants）。

命令執行模型也是唯一代表高度一致資料的模型——系統的事實來源。它應該能夠讀取業務實體高度一致的狀態，並在更新實體時支援樂觀並行（optimistic concurrency）。

讀取模型（投影）

系統可以根據需要定義盡可能多的模型，來向使用者呈現資料或向其他系統提供資訊。

讀取模型是預快取（precached）的投影（projection）。它可以留在持久的（durable）資料庫、平面文件，或記憶體中的快取（cache）。適當的 CQRS 實作允許清除投影的所有資料，並從頭開始再次產生它，還可以在未來透過額外的投影來擴展此系統——原先無法預見的模型。

最後，讀取模型是唯讀（read-only）的，系統的任何操作都不能直接修改讀取模型的資料。

投影讀取模型

為了使讀取模型能夠運作，系統必須把來自命令執行模型的更改投影到所有的讀取模型。這個概念如圖 8-12 所示。

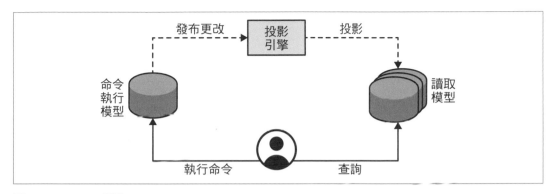

圖 8-12　CQRS 架構

讀取模型的投影類似於關聯式資料庫（relational database）中具體化檢視表（view）的概念：每當更新來源資料表時，這些更改都必須反映在預快取的檢視表中。

接下來，讓我們來看看兩種產生投影的方法：同步和非同步。

同步投影

同步投影透過迫趕訂閱模型來獲取對 OLTP 資料的更改：

- 投影引擎（projection engine）在最後處理的檢查點（checkpoint）之後查詢 OLTP 資料庫以獲取新增或更新的記錄。

- 投影引擎使用更新的資料來重新產生 / 更新系統的讀取模型。

- 投影引擎儲存最後處理記錄的檢查點，這個值將在下一次迭代期間用來獲取在最後處理記錄之後增加或修改的記錄。

這個流程如圖 8-13 所示，並在圖 8-14 中以循序圖呈現。

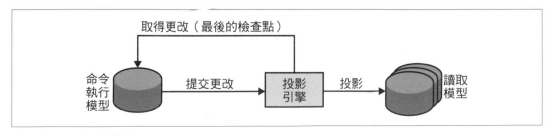

圖 8-13　同步投影模型

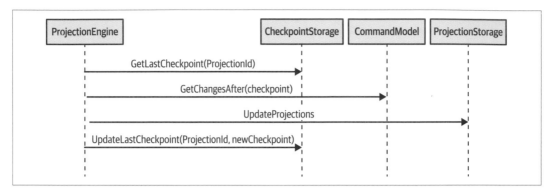

圖 8-14　透過追趕訂閱來同步讀取模型的投影

要使追趕訂閱起作用，命令執行模型必須檢查所有附加或更新的資料庫記錄點，儲存機制還應該支援基於檢查點的記錄查詢。

檢查點可以使用資料庫的功能來實作。例如，SQL Server 的「rowversion」欄位可用於在插入或更新列時產生唯一的遞增數字，如圖 8-15 所示。在缺乏這類功能的資料庫中，可以實作自定義的解決方案，即遞增（increments）一個運行中的計數器（counter）並把它附加到每筆修改過的記錄中。確保基於檢查點的查詢回傳一致的結果很重要，如果最後回傳的記錄檢查點值為 10，則在下一次執行時，新請求的值不應該低於 10，否則投影引擎會跳過這些記錄，進而導致模型的不一致。

Id	First Name	Last Name	Checkpoint
1	Tom	Cook	0x0000000000001792
2	Harold	Elliot	0x0000000000001793
3	Dianna	Daniels	0x0000000000001796
4	Dianna	Daniels	0x0000000000001795

圖 8-15　關聯式資料庫中自動產生的檢查點欄位

同步投影的方法使新增新投影和從頭開始再次產生既有投影變得很簡單。在後者的情況下，您所要做的就是將檢查點重置為 0；投影引擎將會掃描記錄並從零開始重建投影。

非同步投影

在非同步投影的情境中，命令執行模型將所有已提交的更改發布到訊息匯流排。系統的投影引擎可以訂閱發布的訊息，並使用它們來更新讀取模型，如圖 8-16 所示。

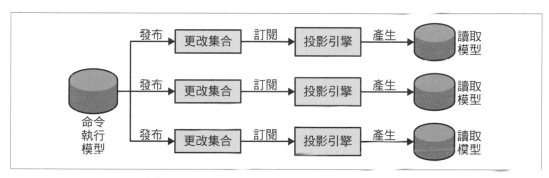

圖 8-16　讀取模型的非同步投影

挑戰

儘管非同步投影的方法具有明顯的可擴展性和效能優勢，但它更容易受到分散式運算（distributed computing）的挑戰。如果訊息被亂序或複製處理過，不一致的資料將會被投影到讀取模型中。

這種方法還使得新增新投影或重新產生既有投影變得更具挑戰性。

出於這些原因，最好總是實作同步投影，並選擇性地在它之上附加非同步投影。

模型分離

在 CQRS 架構中，系統模型的職責根據其類型進行分離。命令只能在高度一致的命令執行模型上運作，查詢不能直接修改系統的任何持久化狀態——不論是讀取模型還是命令執行模型。

一個關於基於 CQRS 系統的常見誤解是：命令只能修改資料，而且只能透過讀取模型獲取資料來顯示，換句話說，執行方法的命令永遠不該回傳任何資料。這是錯誤的，這種方法會產生意外的複雜度，並導致糟糕的使用者經驗。

命令應該永遠讓呼叫者知道它是成功還是失敗，如果失敗了，為什麼會失敗？是否存在驗證或技術問題？呼叫者必須知道如何修復命令。因此，一個命令可以——而且在許多情況下應該——回傳資料；例如，如果系統的使用者介面必須反映命令產生的修改。這不僅使客戶可以更輕鬆地使用系統，因為他們會立即收到動作的回饋，而且回傳值可以在客戶的工作流程中進一步被使用，進而消除了不必要的資料往返需求。

這裡唯一的限制是回傳的資料應該來自高度一致的模型——命令執行模型——因為我們不能期望最終一致的投影會被立即更新。

何時使用 CQRS

CQRS 模式對於需要在多個模型中處理相同資料的應用程式很有用，這些資料可能儲存在不同類型的資料庫中。從操作的角度來看，該模式支持領域驅動設計（domain-driven design）的核心價值，即為手上的任務使用最有效的模型，並不斷改進業務領域的模型。從基礎設施的角度來看，CQRS 允許利用不同類型資料庫的優勢；例如，用關聯式資料庫儲存命令執行模型、用搜尋索引（search index）進行全文搜尋、用預渲染（prerendered）的平面文件進行快速資料檢索，所有儲存機制都一起可靠地同步。

此外，CQRS 自然適用於事件源領域模型。事件源模型無法根據聚合的狀態查詢記錄，但 CQRS 透過將狀態投影到可查詢的資料庫中來實現這一點。

範圍

我們討論過的模式——分層架構、埠和適配器架構、CQRS——不應該被視為系統範圍的組織原則，這些也未必是整個限界上下文（bounded context）的高階架構模式。

想想看一個包含多個子領域（subdomain）的限界上下文，如圖 8-17 所示。子領域可以是不同的類型：核心（core）、支持（supporting）或通用（generic）。即使是相同類型的子領域也可能需要不同的業務邏輯和架構模式（這是第 10 章的主題）。強制執行單一的、限界的（bounded）、上下文範圍的架構會無意間導致意外的複雜度。

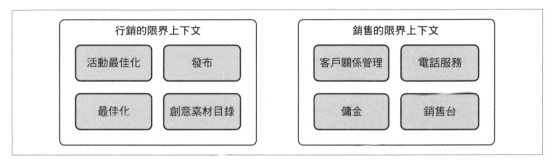

圖 8-17　跨越多個子領域的限界上下文

我們的目標是根據實際需求和業務戰略來驅動設計決策。除了水平劃分系統的層之外，我們還可以導入額外的垂直劃分。為封裝不同業務子領域的模組定義邏輯邊界，並為每個子領域使用適當的工具至關重要，如圖 8-18 所示。

適當的垂直邊界使整體限界上下文成為模組化的，並有助於防止它變成一個大泥球（big ball of mud）。正如我們將在第 11 章中討論的那樣，這些邏輯邊界可以在之後重構為更細粒度（finer grained）限界上下文的實體（physical）邊界。

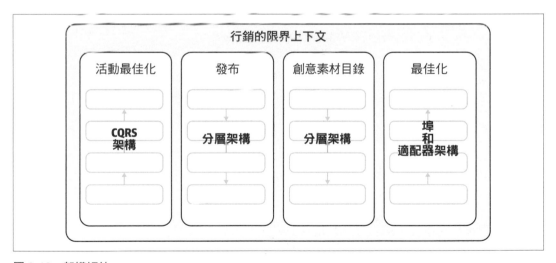

圖 8-18　架構切片

總結

分層架構根據技術問題分解程式碼庫，由於此模式耦合（couples）業務邏輯和資料存取的實作，因此非常適合基於主動記錄的系統。

埠和適配器架構反轉了關係：它把業務邏輯置於中心，並解耦它和所有基礎設施的依賴關係，這種模式非常適合使用領域模型模式實作的業務邏輯。

CQRS 模式在多個模型中表示相同的資料，儘管此模式對於基於事件源領域模型的系統是強制性的，但它也可以用於任何需要處理多個持久化模型的系統。

我們將在下一章討論的模式會從不同的角度解決架構問題：如何實作系統不同元件之間的可靠互動。

練習

1. 在討論的架構模式中，哪些可以和被實作為主動記錄模式的業務邏輯一起使用？

    A. 分層架構

    B. 埠和適配器

    C. CQRS

    D. A 和 C

2. 哪個架構模式解耦了業務邏輯和基礎設施問題？

    A. 分層架構

    B. 埠和適配器

    C. CQRS

    D. B 和 C

3. 假設您正在實作埠和適配器模式，而且需要整合雲端供應商管理的訊息匯流排，此整合應該在哪一層實作？

    A. 業務邏輯層

    B. 應用層

    C. 基礎設施層

    D. 任何層

4. 以下關於 CQRS 模式的說法何者正確？

    A. 非同步投影更容易擴展。

    B. 可以使用同步或非同步投影，但不能同時使用兩者。

    C. 命令不能向呼叫者回傳任何資訊，呼叫者應該永遠使用讀取模型來獲取已執行動作的結果。

    D. 一個命令可以回傳資訊，只要資訊源自高度一致的模型。

    E. A 和 D。

5. CQRS 模式允許在多個持久化模型中表示相同的業務物件，因此允許在相同的限界上下文中使用多個模型。它是否與限界上下文作為模型邊界的概念相抵觸？

第九章

溝通模式

第 5 章到第 8 章介紹了定義實作系統元件不同方式的戰術設計模式:如何對業務邏輯進行建模,以及如何在架構上組織限界上下文(bounded context)的內部結構。在本章中,我們將跨出單一元件的邊界,討論系統元件之間組織溝通流程的模式。

您將在本章中學習的模式有助於跨限界上下文的溝通、解決聚合設計原則施加的限制,並編排跨越多個系統元件的業務流程。

模型轉譯

限界上下文是模型的邊界 —— 統一語言(ubiquitous language),正如您在第 3 章中學習到的,在不同限界上下文之間設計溝通有不同的模式。假設實作兩個限界上下文的團隊正有效地溝通並且願意協作,在這種情況下,可以將限界上下文整合到合夥關係(partnership)中:協定(protocols)能以專門的方式進行協調,而且任何整合問題都可以透過團隊之間的溝通得到有效解決。另一種合作驅動的整合方法是共享核心(*shared kernel*):團隊提取並共同發展模型的有限部分;例如,將限界上下文的整合契約(contracts)提取到共同擁有的儲存庫(repository)中。

在客戶—供應商(customer-supplier)關係中,權力的平衡向上游(供應商)或下游(客戶)的限界上下文傾斜。假設下游的限界上下文不能符合上游的限界上下文模型,在這種情況下,需要更精密、能促進溝通的技術解決方案,透過轉譯(translating)限界上下文的模型。

這種轉譯可以由一方處理，或有時候由雙方處理：下游的限界上下文可以使用防腐層（anticorruption layer，ACL）使上游的限界上下文模型適應其需要，而上游的限界上下文可以作為開放主機服務（open-host service，OHS），並透過使用整合專用的釋出語言（published language）來保護客戶免於實作模型更改的影響。由於防腐層和開放主機服務的轉譯邏輯類似，因此本章將介紹實作的選項而不區分模式，而且只有在例外的案例才提及這些差異。

模型的轉譯邏輯可以無狀態（stateless），也可以有狀態（stateful）。無狀態轉譯是即時（on the fly）進行的，當傳入（OHS）或傳出（ACL）的請求（requests）被發出時，有狀態轉譯涉及更複雜、需要資料庫的轉譯邏輯。讓我們來看看實作這兩種模型轉譯的設計模式。

無狀態模型轉譯

對於無狀態模型轉譯，擁有轉譯的限界上下文（上游為 OHS，下游為 ACL）實作代理設計模式（proxy design pattern）（*https://oreil.ly/A1nb2*）來插入到傳入和傳出的請求中，並將來源模型映射（map）到限界上下文的目標模型。如圖 9-1 所示。

圖 9-1　透過代理進行模型轉譯

代理的實作取決於限界上下文是同步溝通還是非同步溝通。

同步

要轉譯在同步溝通中使用的模型，典型的方法是將轉換邏輯嵌入到限界上下文的程式碼庫（codebase）中，如圖 9-2 所示。在開放主機服務中，在處理傳入請求時會轉譯為公開的語言。而在防腐層中，這會在呼叫上游的限界上下文時發生。

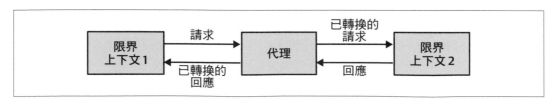

圖 9-2　同步溝通

在某些情況下,將轉譯邏輯卸載到外部元件比如 API 閘道模式(API gateway pattern), 會更具成本效益也更方便。API 閘道元件可以是基於開源軟體的解決方案,例如 Kong 或 KrakenD,也可以是雲端供應商管理的服務,例如 AWS API Gateway、Google Apigee, 或是 Azure API Management。

對於實作開放主機模式的限界上下文,API 閘道負責將內部模型轉換為整合最佳化的 (integration-optimized)釋出語言。此外,擁有明確的 API 閘道可以改善管理和服務多個版本限界上下文 API 的流程,如圖 9-3 所示。

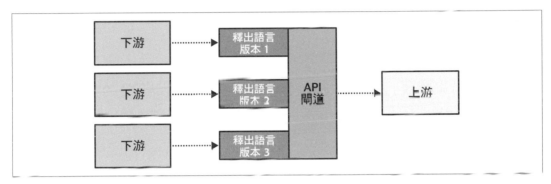

圖 9-3 揭露釋出語言的不同版本

使用 API 閘道實作的防腐層可以被多個下游的限界上下文使用。在這種情況下,防腐層作為整合專用的限界上下文,如圖 9-4 所示。

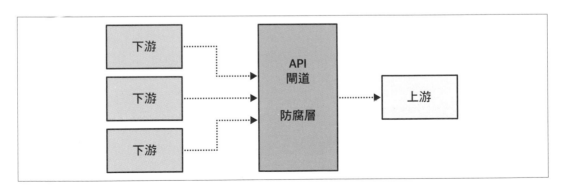

圖 9-4 共享防腐層

這種限界上下文主要負責轉換模型以便其他元件更方便地使用,通常稱為交流上下文 (*interchange contexts*)。

非同步

要轉譯非同步溝通中使用的模型，您可以實作訊息代理（*message proxy*）：訂閱來自來源限界上下文訊息的中間元件。代理將應用所需的模型轉換，並將結果訊息轉發給目標訂閱者（見圖 9-5）。

圖 9-5　在非同步溝通中轉譯模型

除了轉譯訊息的模型之外，攔截（intercepting）元件還能透過過濾掉不相關的訊息來減少目標限界上下文的雜訊。在實作開放主機服務時，非同步模型的轉譯是必要的。一個常見的錯誤是，為模型的物件（objects）設計並揭露一種釋出語言，而且讓領域事件照它們的原樣發布出去，這樣一來便揭露了限界上下文的實作模型。非同步轉譯可用於攔截領域事件，並將其轉變為釋出語言，進而更好地封裝限界上下文的實作細節（見圖 9-6）。

此外，將訊息轉譯成釋出語言可以區分為旨在滿足限界上下文內部需求的私有事件，以及旨在與其他限界上下文整合的公開事件。我們將在第 15 章再次討論和擴展私有 / 公開事件的主題，在那我們討論領域驅動設計（domain-driven design）和事件驅動（event-driven）架構之間的關係。

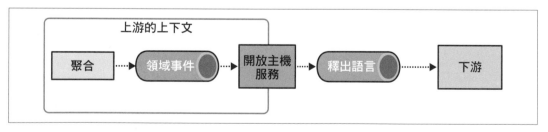

圖 9-6　釋出語言內的領域事件

有狀態模型轉譯

對於更重要的模型轉換——例如，當轉譯機制必須聚合（aggregate）來源資料，或是將來自多個來源的資料統一到一個模型中時——可能需要有狀態的轉譯。讓我們詳細討論這些使用案例。

聚合傳入資料

比如說，限界上下文對聚合傳入的請求並批次處理它們以最佳化效能有興趣。 在這種情況下，同步和非同步的請求都可能需要聚合（見圖 9-7）。

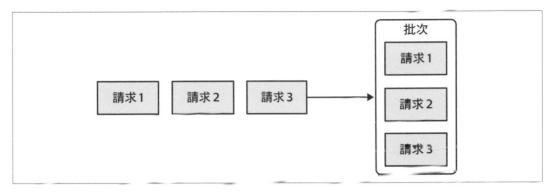

圖 9-7　批次處理請求

聚合來源資料的另一個常見使用案例是，將多個細粒度（fine-grained）訊息組合成一則包含統一資料的訊息，如圖 9-8 所示。

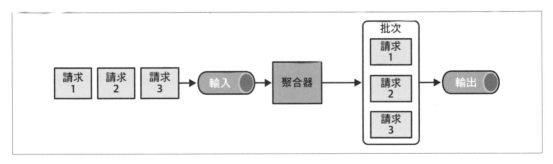

圖 9-8　統一傳入事件

聚合傳入資料的模型轉換無法使用 API 閘道來實作，因此需要更精密、有狀態的處理。為了追蹤傳入的資料並相應地處理它，轉譯邏輯需要自己的持久化（persistent）存放區（storage）（見圖 9-9）。

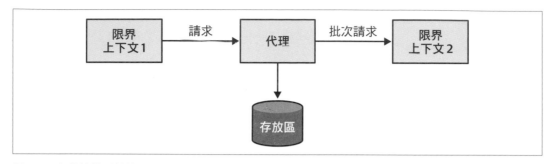

圖 9-9　有狀態模型轉換

在某些使用案例中，您可以透過使用現成的產品來避免為有狀態轉譯實作自定義的解決方案；例如，串流（stream）處理平台（Kafka、AWS Kinesis 等）或批次處理解決方案（Apache NiFi、AWS Glue、Spark 等）。

統一多個來源

限界上下文可能需要處理來自多個來源的資料聚合，包括其他限界上下文。一個典型的例子是服務於前端的後端模式（backend-for-frontend pattern）[1]，其中使用者介面必須組合來自多個服務的資料。

另一個例子是必須處理來自多個其他上下文的資料，並實作複雜的業務邏輯來處理所有資料的限界上下文。在這種情況下，透過在限界上下文前面使用一個聚合自所有其他限界上下文資料的防腐層，這可以利於解耦（decouple）整合和業務邏輯的複雜度，如圖 9-10 所示。

1　Richardson, C. (2019). *Microservice Patterns: With Examples in Java*. New York: Manning Publications.

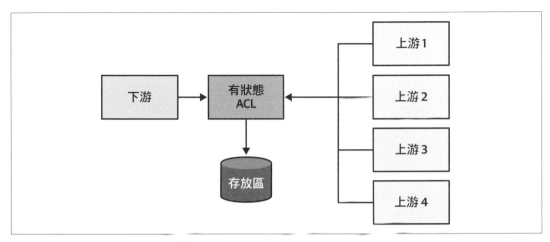

圖 9-10　使用防腐層模式來簡化整合模型

整合聚合

在第 6 章中,我們討論了和系統其餘部分聚合溝通的一種方式是發布領域事件 (domain events),外部元件可以訂閱這些領域事件並執行它們的邏輯,但是領域事件是如何發布到訊息匯流排 (message bus) 的呢?

在我們找到解決方案之前,讓我們檢視一下事件發布過程中的一些常見錯誤,以及每種方法的後果。想想看以下程式碼:

```
01  public class Campaign
02  {
03      ...
04      List<DomainEvent> _events;
05      IMessageBus _messageBus;
06      ...
07
08      public void Deactivate(string reason)
09      {
10          for (l in _locations.Values())
11          {
12              l.Deactivate();
13          }
14
15          IsActive = false;
16
17          var newEvent = new CampaignDeactivated(_id, reason);
```

```
18              _events.Append(newEvent);
19              _messageBus.Publish(newEvent);
20          }
21      }
```

在第 17 行，一個新的事件被實例化（instantiated）了。在接下來的兩行中，它被附加到聚合的領域事件內部列表中（第 18 行），並將事件發布到訊息匯流排（第 19 行）。這種發布領域事件的實作很簡單，但卻是錯誤的。直接從聚合中發布領域事件是不好的，有兩個理由。第一，在聚合的新狀態被提交到資料庫之前事件會被發送，訂閱者可能會收到活動已失效的通知，但它會與活動的狀態相抵觸。第二，如果資料庫事務（transaction）由於競賽條件（race condition）、接續的聚合邏輯而導致操作無效（invalid），或僅僅是資料庫中的技術問題而未能被提交怎麼辦？即使資料庫事務被轉返（rolled back），事件已經發布並推送給訂閱者，就沒有辦法收回它了。

讓我們試試看別的：

```
01  public class ManagementAPI
02  {
03      ...
04      private readonly IMessageBus _messageBus;
05      private readonly ICampaignRepository _repository;
06      ...
07      public ExecutionResult DeactivateCampaign(CampaignId id, string reason)
08      {
09          try
10          {
11              var campaign = repository.Load(id);
12              campaign.Deactivate(reason);
13              _repository.CommitChanges(campaign);
14
15              var events = campaign.GetUnpublishedEvents();
16              for (IDomainEvent e in events)
17              {
18                  _messageBus.publish(e);
19              }
20              campaign.ClearUnpublishedEvents();
21          }
22          catch(Exception ex)
23          {
24              ...
25          }
26      }
27  }
```

在先前的列表中,發布新領域事件的職責轉移到了應用層(application layer)。在第 11 到 13 行,載入了 Campaign 聚合的相關實例,執行 Deactivate 命令(command),並且只有在更新狀態成功提交到資料庫之後,在第 15 到 20 行,才會將新的領域事件發布到訊息匯流排中。我們可以相信這段程式碼嗎?不行。

在這種情況下,運行邏輯的程序由於某種原因無法發布領域事件。也許訊息匯流排已經關閉,或者運行程式碼的伺服器在提交資料庫事務後立即失敗,但在發布事件之前系統仍會以不一致的狀態結束,這代表資料庫事務已經提交,但領域事件永遠不會發布。

這些極端情況可以使用寄件匣(outbox)模式來解決。

寄件匣

寄件匣模式(圖 9-11)使用以下演算法來確保領域事件的可靠發布:

- 更新的聚合狀態和新的領域事件都在同一個不可分割(atomic)事務中被提交。
- 訊息中繼(relay)從資料庫獲取新提交的領域事件。
- 中繼將領域事件發步到訊息匯流排。
- 成功發布後,中繼不是在資料庫中把事件標記為 published,就是完全刪除它們。

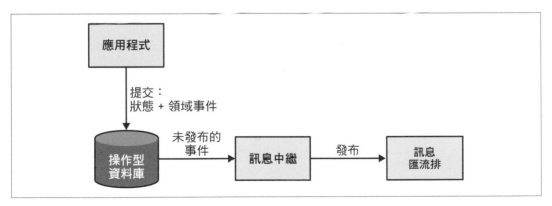

圖 9-11　寄件匣模式

使用關聯式資料庫(relational database)時,可以方便地利用資料庫自動提交到兩個資料表(tables)的能力,並使用專用的資料表來儲存訊息,如圖 9-12 所示。

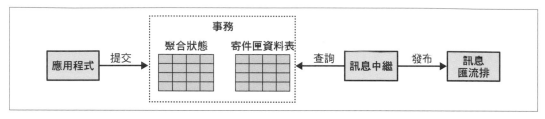

圖 9-12　寄件匣資料表

當使用不支援多文件（multidocument）事務的 NoSQL 資料庫時，傳出的領域事件必須嵌入到聚合的記錄中。例如：

```
{
    "campaign-id": "364b33c3-2171-446d-b652-8e5a7b2be1af",
    "state": {
        "name": "Autumn 2017",
        "publishing-state": "DEACTIVATED",
        "ad-locations": [
            ...
        ]
        ...
    },
    "outbox": [
        {
            "campaign-id": "364b33c3-2171-446d-b652-8e5a7b2be1af",
            "type": "campaign-deactivated",
            "reason": "Goals met",
            "published": false
        }
    ]
}
```

在這個範例中，您可以看到 JSON 文件的額外屬性（property）outbox，其中包含必須發布的領域事件列表。

獲取未發布的事件

發布中繼可以用基於拉式（pull-based）或基於推式（push-based）的方式獲取新的領域事件：

拉式：輪詢發布者

中繼可以連續查詢資料庫中未發布的事件，必須有適當的索引以最小化由持續輪詢（polling）引起的資料庫負載。

推式：事務日誌追蹤

在這裡，我們可以利用資料庫的功能集，在附加新事件時主動呼叫發布中繼。例如，一些關聯式資料庫可以透過追蹤資料庫的事務日誌（transaction log）來獲取有關已更新／已插入記錄的通知，一些 NoSQL 資料庫將提交的更改揭露為事件串流（streams of events）（例如，AWS DynamoDB Streams）。

重要的是要注意，寄件匣模式保證訊息至少傳遞一次：如果中繼在發布訊息後，但在將其標記為已在資料庫中發布之前失敗，則相同的訊息將在下一次迭代中再次發布。

接下來，我們將看看如何利用領域事件的可靠發布，來克服聚合設計原則施加的一些限制。

Saga

核心的聚合設計原則之一是將每個事務限制為聚合的單一實例，這可以確保聚合邊界被仔細考慮過並封裝一組連貫的業務功能。但是在某些情況下，您必須實作跨多個聚合的業務流程。

想想看以下例子：當一個廣告活動被啟動時，它應該自動將活動的廣告素材提交給它的發布者。收到發布者的確認後，活動的發布狀態應更改為已發布（Published）。在發布者拒絕的情況下，該活動應該標記為已拒絕（Rejected）。

此流程跨越兩個業務實體（entities）：廣告活動和發布者。將實體放在同一個聚合邊界中肯定多此一舉，因為這些顯然是不同的業務實體，具有不同的職責並且可能屬於不同的限界上下文。事實上，這個流程可以被實作為 saga。

saga 是一個長期運行的業務流程，它的長期運行不一定是就時間方面而言，因為 saga 的運行可以從幾秒到幾年，而是就事務方面而言：一個跨多個事務的業務流程。事務不僅可以由聚合來處理，還可以由任何發出領域事件和回應命令的元件來處理。saga 監聽相關元件發出的事件，並向其他元件發出後續命令。如果其中一個執行步驟失敗，saga 會負責發出相關的補償動作，以確保系統狀態保持一致。

讓我們來看看如何將前面範例中的廣告活動發布流程實作為 saga，如圖 9-13 所示。

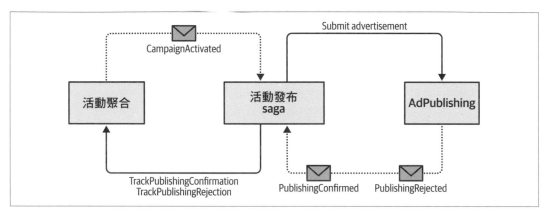

圖 9-13　Saga

為了實作發布流程，saga 必須監聽來自 Campaign 聚合的 Campaign Activated 事件，以及來自 AdPublishing 限界上下文的 PublishingConfirmed 和 Publishing Rejected 事件。saga 必須在 AdPublishing 上執行 Submit Advertisement 命令，在 Campaign 聚合上執行 TrackPublishingConfirmation 和 TrackPublishingRejection 命令。在此範例中，TrackPublishingRejection 命令作為補償動作，以確保廣告活動未被列為有效的。以下是程式碼：

```
public class CampaignPublishingSaga
{
    private readonly ICampaignRepository _repository;
    private readonly IPublishingServiceClient _publishingService;
    ...

    public void Process(CampaignActivated @event)
    {
        var campaign = _repository.Load(@event.CampaignId);
        var advertisingMaterials = campaign.GenerateAdvertisingMaterials();
        _publishingService.SubmitAdvertisement(@event.CampaignId,
                                               advertisingMaterials);
    }

    public void Process(PublishingConfirmed @event)
    {
        var campaign = _repository.Load(@event.CampaignId);
        campaign.TrackPublishingConfirmation(@event.ConfirmationId);
        _repository.CommitChanges(campaign);
    }
```

```
    public void Process(PublishingRejected @event)
    {
        var campaign = _repository.Load(@event.CampaignId);
        campaign.TrackPublishingRejection(@event.RejectionReason);
        _repository.CommitChanges(campaign);
    }
}
```

前面的範例依賴於訊息傳遞的基礎設施來傳遞相關的事件，並透過執行相關命令對事件做出反應。這是一個相對簡單的 saga 範例：它沒有狀態。您會遇到需要狀態管理的 saga；例如，追蹤已執行的操作，以便在故障發生時發出相關的補償動作。在這種情況下，saga可以實作為事件源（event-sourced）聚合，持久化接收事件和發出命令的完整歷史。但是，應該將命令執行的邏輯移出 saga 本身並且非同步地執行，類似於在寄件匣模式中發送領域事件的方式：

```
public class CampaignPublishingSaga
{
    private readonly ICampaignRepository _repository;
    private readonly IList<IDomainEvent> _events;
    ...

    public void Process(CampaignActivated activated)
    {
        var campaign = _repository.Load(activated.CampaignId);
        var advertisingMaterials = campaign.GenerateAdvertisingMaterials();
        var commandIssuedEvent = new CommandIssuedEvent(
            target: Target.PublishingService,
            command: new SubmitAdvertisementCommand(activated.CampaignId,
            advertisingMaterials));

        _events.Append(activated);
        _events.Append(commandIssuedEvent);
    }

    public void Process(PublishingConfirmed confirmed)
    {
        var commandIssuedEvent = new CommandIssuedEvent(
            target: Target.CampaignAggregate,
            command: new TrackConfirmation(confirmed.CampaignId,
                                           confirmed.ConfirmationId));

        _events.Append(confirmed);
        _events.Append(commandIssuedEvent);
    }
```

```
    public void Process(PublishingRejected rejected)
    {
        var commandIssuedEvent = new CommandIssuedEvent(
            target: Target.CampaignAggregate,
            command: new TrackRejection(rejected.CampaignId,
                                        rejected.RejectionReason));

        _events.Append(rejected);
        _events.Append(commandIssuedEvent);
    }
}
```

在此範例中，寄件匣的中繼必須在每個 CommandIssuedEvent 實例的相關端點（endpoints）上執行命令。與發布領域事件的情況一樣，將 saga 狀態的轉換與命令的執行分開可以確保命令被可靠地執行，即使程序在任何階段失敗。

一致性

儘管 saga 模式編排了多元件的事務，但所涉及元件的狀態最終是一致的。而且儘管 saga 最終會執行相關命令，但沒有兩個事務可以被認為是不可分割的，這和另一個聚合設計的原則有關：

> 只有聚合邊界內的資料才能被認為是高度一致的，外面的一切最終都是一致的。

以此作為指導原則，以確保您不會濫用 saga 來補償不正確的聚合邊界。那些必須屬於同一聚合的業務操作需要高度一致的資料。

saga 模式經常和另一個模式混淆：流程管理器（process manager）。雖然實作是相似的，但這些是不同的模式。在下一節中，我們將討論流程管理器模式的目的，以及它與 saga 模式的區別。

流程管理器

saga 模式管理簡單的線性流程。嚴格來說，saga 將事件與相對應的命令互相配對。在我們用來展示 saga 實作的範例中，我們實際上實作了事件與命令的簡單配對：

- CampaignActivated 事件對應 PublishingService.SubmitAdvertisement 命令
- PublishingConfirmed 事件對應 Campaign.TrackConfirmation 命令
- PublishingRejected 事件對應 Campaign.TrackRejection 命令

流程管理器模式，如圖 9-14 所示，旨在實作基於業務邏輯的流程。它被定義為一個中央處理單元，它維護序列的狀態並確定下一個處理步驟。[2]

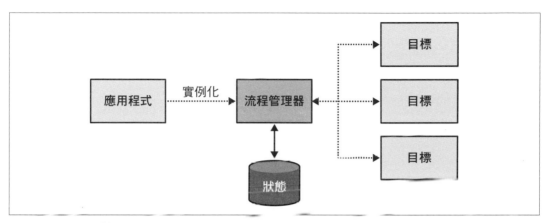

圖 9-14　流程管理器

作為一個簡單的經驗法則，如果一個 saga 包含 if-else 陳述（statements）來選擇正確的行動方案，那麼它可能是一個流程管理器。

流程管埋器和 saga 之間的另一個區別是，當觀察到特定事件時，sage 會被隱性地實例化，就像前面範例中的 `CampaignActivated` 一樣。另一方面，流程管理器不能綁定到單一的來源事件，事實上，它是一個由多個步驟組成的連貫業務流程，所以必須明確地實例化流程管理器。想想看以下範例：

預訂商務旅行從路線選擇（routing）演算法開始，選擇最具成本效益的航班路線並尋求員工的同意，如果員工喜歡不同的路線，他們的直屬上司需要同意。預訂航班之後，必須在適當的日期預訂事先同意的酒店之一，如果沒有可預訂的酒店，則必須取消機票。

在這個範例中，沒有主要的實體來觸發旅行預訂流程，旅行預訂是一個流程，它必須作為流程管理器來實作（見圖 9-15）。

2　Hohpe, G., & Woolf, B. (2003). *Enterprise Integration Patterns: Designing, Building, and Deploying Messaging Solutions*. Boston: Addison-Wesley.

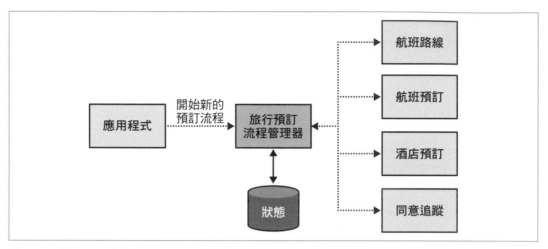

圖 9-15   旅行預訂的流程管理器

從實作的角度來看，流程管理器通常被實作為基於狀態或事件源的聚合。例如：

```
public class BookingProcessManager
{
    private readonly IList<IDomainEvent> _events;
    private BookingId _id;
    private Destination _destination;
    private TripDefinition _parameters;
    private EmployeeId _traveler;
    private Route _route;
    private IList<Route> _rejectedRoutes;
    private IRoutingService _routing;
    ...

    public void Initialize(Destination destination,
                           TripDefinition parameters,
                           EmployeeId traveler)
    {
        _destination = destination;
        _parameters = parameters;
        _traveler = traveler;
        _route = _routing.Calculate(destination, parameters);

        var routeGenerated = new RouteGeneratedEvent(
            BookingId: _id,
            Route: _route);

        var commandIssuedEvent = new CommandIssuedEvent(
```

```
        command: new RequestEmployeeApproval(_traveler, _route)
    );

    _events.Append(routeGenerated);
    _events.Append(commandIssuedEvent);
}

public void Process(RouteConfirmed confirmed)
{
    var commandIssuedEvent = new CommandIssuedEvent(
        command: new BookFlights(_route, _parameters)
    );

    _events.Append(confirmed);
    _events.Append(commandIssuedEvent);
}

public void Process(RouteRejected rejected)
{
    var commandIssuedEvent = new CommandIssuedEvent(
        command: new RequestRerouting(_traveler, _route)
    );

    _events.Append(rejected);
    _events.Append(commandIssuedEvent);
}

public void Process(ReroutingConfirmed confirmed)
{
    _rejectedRoutes.Append(route);
    _route = _routing.CalculateAltRoute(destination,
                                parameters, rejectedRoutes);
    var routeGenerated = new RouteGeneratedEvent(
        BookingId: _id,
        Route: _route);

    var commandIssuedEvent = new CommandIssuedEvent(
        command: new RequestEmployeeApproval(_traveler, _route)
    );

    _events.Append(confirmed);
    _events.Append(routeGenerated);
    _events.Append(commandIssuedEvent);
}

public void Process(FlightBooked booked)
{
```

```
    var commandIssuedEvent = new CommandIssuedEvent(
        command: new BookHotel(_destination, _parameters)
    );

    _events.Append(booked);
    _events.Append(commandIssuedEvent);
}

...
}
```

在這個範例中，流程管理器有其明確的 ID 和持久化狀態，描述了必須預訂的行程。與前面的 saga 模式範例一樣，流程管理器訂閱控制工作流程的事件（RouteConfirmed、RouteRejected、ReroutingConfirmed 等），並實例化 Command Issued Event 型態的事件，它將將被寄件匣中繼處理以執行實際的命令。

總結

在本章中，您學習了整合系統元件的不同模式。本章首先探討可用於實作防腐層或開放主機服務的模型轉譯模式。我們看到轉譯可以即時處理，也可以遵循更複雜的邏輯，這需要狀態追蹤。

寄件匣模式是發布聚合領域事件的可靠方式，即使面對不同的流程故障，它仍確保領域事件總是會被發布。

saga 模式可用於實作簡單的跨元件業務流程，更複雜的業務流程可以用流程管理器模式來實作。兩種模式都依賴於對領域事件的非同步反應和命令的發布。

練習

1. 哪個限界上下文整合模式需要實作模型轉換邏輯？

    A. 追隨者

    B. 防腐層

    C. 開放主機服務

    D. B 和 C

2. 寄件匣模式的目標是什麼？

   A. 解耦訊息傳遞的基礎設施和系統的業務邏輯層

   B. 可靠地發布訊息

   C. 支援事件源領域模型模式的實作

   D. A 和 C

3. 除了將訊息發布到訊息匯流排之外，寄件匣模式還有哪些其他可能的使用案例？

4. saga 和流程管理器模式有什麼差異？

   A. 流程管理器需要明顯的實例化，而 saga 在相關領域事件發布時執行。

   B. 和流程管理器相反，saga 從來不需要持久化其執行狀態。

   C. saga 需要它操作的元件來實作事件源模式，而流程管理器不需要。

   D. 流程管理器模式適用於複雜的業務工作流程。

   E. A 和 D 是正確的。

第三部分

實際應用領域驅動設計

在第一部分和第二部分中,我們討論了用於制定戰略和戰術設計決策的領域驅動設計(domain-driven design)工具。在本書的這一部分,我們從理論轉向實踐。您將學習把領域驅動設計應用到真實生活的專案之中。

- 第 10 章將我們討論過關於戰略和戰術設計的內容,合併為簡化設計決策過程的簡單經驗法則。您將學會快速識別符合業務領域複雜度和需求的模式。

- 在第 11 章,我們將從不同的觀點來看待領域驅動設計。設計一個出色的解決方案很重要,但還不夠。當專案隨著時間演化,我們必須保持它的形態。在本章中,您將學習隨著時間推移應用領域驅動設計的工具來維護並演化軟體設計的決策。

- 第 12 章介紹了事件風暴(EventStorming):一個實際動手做的活動,它簡化了發現領域知識和建立統一語言(ubiquitous language)的過程。

- 第 13 章總結了第三部分,其中精選了一些技巧和秘訣,用於在棕地(brownfield)專案(我們最常從事的專案類型)中「溫和地」導入並整合領域驅動設計的模式和實踐。

第十章

設計啟發式方法

「這視情況而定」是軟體工程中幾乎所有問題的正確答案，但並不真正實用。在本章中，我們將探討「這」視什麼情況而定。

在本書的第一部分，您學習了用於分析業務領域和制定戰略設計決策的領域驅動設計工具。在第二部分中，我們探討了戰術設計模式：實作業務邏輯、組織系統架構，以及在系統元件之間建立溝通的不同方法。本章作為第一部分和第二部分的橋樑，您將學習應用分析工具來驅動各種軟體設計決策的啟發式方法（heuristics）：即（業務）領域驅動（軟體）設計。

但首先，由於本章是關於設計啟發式方法的，讓我們從定義啟發式方法這個術語開始。

啟發式方法

啟發式方法不是一個硬性規定，可以保證並在數學上證明 100% 的情況下是正確的。相反的，這是一個經驗法則：不能保證完美，但足以滿足當前的目標。換句話說，使用啟發式方法是一種有效解決問題的方法，它忽略了許多線索中與生俱來的噪音，而是關注反映在最重要線索中「席捲而來的勢力」。[1]

本章介紹的啟發式方法專注於不同業務領域的基本性質，以及各種設計決策所解決的問題本質。

---

1 Gigerenzer, G., Todd, P. M., & ABC Research Group (Research Group, Max Planck Institute, Germany). (1999). *Simple Heuristics That Make Us Smart*. New York: Oxford University Press.

限界上下文

正如您在第 3 章中記得的，寬邊界和窄邊界都可以符合有效限界上下文（bounded context）的定義，它們包含一致的統一語言（ubiquitous language）。但是，限界上下文的最佳大小是多少？有鑒於限界上下文與微服務（microservices）經常被同等看待，這個問題尤其重要。[2]

我們是否應該總是爭取盡可能小的限界上下文？正如我的朋友 Nick Tune 所言：

> 有許多有用、揭露實情的啟發式方法可以用來定義服務的邊界，而大小是最沒用的之一。

與其使模型成為理想大小的函式（function）——對小的限界上下文進行最佳化——不如做相反的事情更有效：將限界上下文的大小視為它所包含模型的函式。

對於影響多個限界上下文的軟體更改，其代價高昂而且需要大量的協調，尤其當受影響的限界上下文是由不同的團隊實作時。這類未被封裝在單一限界上下文中的更改，表示了上下文邊界的無效設計。不幸的是，重構限界上下文邊界是一項昂貴的工作，而且在許多情況下，無效的邊界仍然沒人注意，最終累積了技術債（見圖 10-1）。

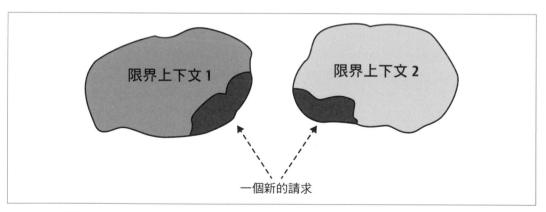

圖 10-1　影響多個限界上下文的更改

當業務領域不為人所知或是業務需求頻繁更改時，通常會發生使限界上下文邊界無效的更改。正如您在第 1 章中學習到的，不穩定性和不確定性都是核心子領域（core subdomains）的性質，尤其是在實行的早期階段，我們可以把它用作為設計限界上下文邊界的啟發式方法。

2　第 11 章專門討論限界上下文和微服務之間的相互作用。

寬廣的限界上下文邊界或包含多個子領域的邊界，使其所含子領域的邊界或模型能更安全地發生錯誤。重構邏輯邊界比重構實體（physical）邊界的成本低得多，所以在設計限界上下文時，從較寬的邊界開始。當您獲得領域知識時，如果有需要，把寬的邊界分解為較小的邊界。

這種啟發式方法主要應用在包含核心子領域的限界上下文，因為通用（generic）和支持子領域（supporting subdomains）都更加公式化，而且不變性也小得多。在建立包含核心子領域的限界上下文時，您可以透過納入與核心子領域最常互動的其他子領域，以保護自己免受無法預見的更改影響，這可以是其他核心子領域，甚至是支持和通用子領域，如圖10-2 所示。

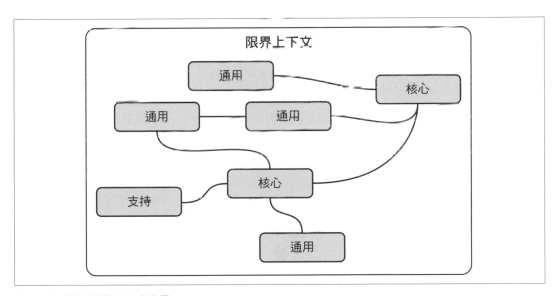

圖 10-2　寬的限界上下文邊界

業務邏輯的實作模式

在第 5-7 章中，我們詳細討論了業務邏輯，您學習了四種不同的業務邏輯建模方法：事務腳本（transaction script）、主動記錄（active record）、領域模型（domain model），以及事件源領域模型（event-sourced domain model）的模式。

事務腳本和主動記錄的模式都較適合具有簡單業務邏輯的子領域：例如支持子領域，或是為通用子領域整合第三方解決方案。這兩種模式的差別在於資料結構（data structures）的複雜度。事務腳本模式可用於簡單的資料結構，而主動記錄模式則有助於封裝複雜資料結構到下層資料庫的映射（mapping）。

領域模型及其變形，即事件源領域模型，適用於具有複雜業務邏輯的子領域：核心子領域。處理貨幣交易、提供稽核日誌（audit log）的法律義務，或是需要對系統行為進行深入分析的核心子領域，最好由事件源領域模型解決。

考慮到所有這些，選擇適合業務邏輯實作模式的有效啟發式方法是提出以下問題：

- 子領域是否追蹤金錢或其他貨幣交易，或必須提供一致的稽核日誌，或企業是否需要對其行為進行深入分析？如果是，請使用事件源領域模型。否則……

- 子領域的業務邏輯複雜嗎？如果是，請實作領域模型。否則……

- 子領域是否包含複雜的資料結構？如果是，請使用主動記錄模式。否則……

- 實作事務腳本。

由於子領域的複雜度和它的類型有很大的關係，我們可以使用領域驅動的決策樹（decision tree）來視覺化啟發式方法，如圖 10-3 所示。

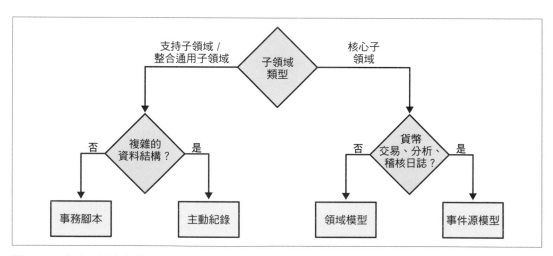

圖 10-3　業務邏輯實作模式的決策樹

我們可以使用另一種啟發式方法來定義複雜和簡單業務邏輯之間的差別。這兩種業務邏輯類型之間的界限不是很清晰,但很有用。一般來說,複雜的業務邏輯包含複雜的業務規則、固定規則(invariants)和演算法,而簡單的方法主要都離不開驗證輸入。

評估複雜度的另一個啟發式方法涉及統一語言本身的複雜度。主要是描述 CRUD 操作,還是描述更複雜的業務流程和規則?

根據業務邏輯及資料結構的複雜度來決定實作業務邏輯的模式,是驗證您對子領域類型假設的一種方式。假設您認為它是一個核心子領域,但最好的模式是主動記錄或事務腳本,或者假設您認為支持子領域需要領域模型或事件源領域模型;在這種情況下,這是重新審視您對子領域和業務領域假設的絕佳機會。請記住,核心子領域的競爭優勢不一定是技術性的。

架構模式

在第 8 章中,您學習了三種架構模式:分層架構(layered architecture)、埠和適配器(ports & adapters)、命令─查詢職責分離(CQRS)。

了解適用的業務邏輯實作模式可以直接選擇架構模式:

- 事件源領域模型需要 CQRS。否則,系統在其資料查詢選項將受到極大的限制,只能透過 ID 獲取單一實例(instance)。
- 領域模型需要埠和適配器架構。否則,分層架構很難使聚合(aggregates)和值物件(value objects)對持久化(persistence)一無所知。
- 主動記錄模式最好與有額外應用(服務)層(application(service)layer)的分層架構相搭配,這是用於控制主動記錄的邏輯。
- 事務腳本模式可以用一個最小的分層架構來實作,只包含三層。

上述啟發式方法的唯一例外是 CQRS 模式。如果子領域需要在多個持久化模型中表示資料,CQRS 不僅對事件源領域模型有益,而且對任何其他模式都有好處。

圖 10-4 顯示了根據這些啟發式方法來選擇架構模式的決策樹。

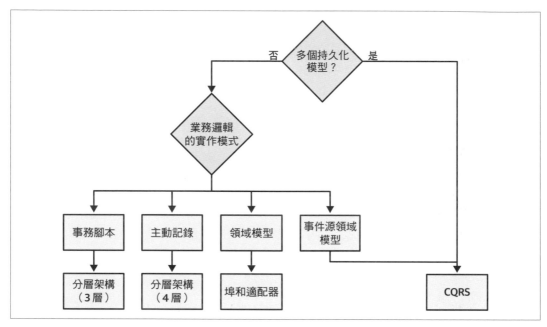

圖 10-4　架構模式的決策樹

測試策略

業務邏輯實作模式和架構模式的知識能用來選擇程式碼庫（codebase）測試策略的啟發式方法。看一下圖 10-5 所示的三種測試策略。

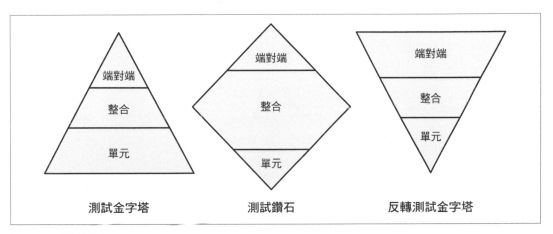

圖 10-5　測試策略

圖中測試策略之間的區別在於它們強調不同類型的測試：單元（unit）、整合（integration）和端對端（end-to-end）。讓我們分析每個策略，以及每種模式應該被用於的上下文。

測試金字塔

經典的測試金字塔（testing pyramid）強調單元測試，較少的整合測試，甚至較少的端對端測試。領域模型模式的兩種變形最好用測試金字塔來解決，聚合和值物件則是有效測試業務邏輯的完美單元。

測試鑽石

測試鑽石（testing diamond）最專注於整合測試，當使用主動記錄模式時，根據定義，系統的業務邏輯分布在服務層和業務邏輯層。因此，要專注於整合這兩層，測試鑽石是更有效的選擇。

反轉測試金字塔

反轉測試金字塔（reversed testing pyramid）最關注端對端測試：從頭到尾驗證應用程式的工作流程。這種方法最適合實作事務腳本模式的程式碼庫：業務邏輯簡單、層數最少，更有效地驗證系統的端對端流程。

圖 10-6 顯示了測試策略的決策樹。

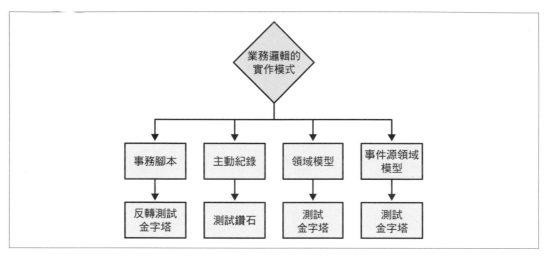

圖 10-6　測試策略的決策樹

戰術設計的決策樹

業務邏輯模式、架構模式和測試策略的啟發式方法,可以用戰術設計的決策樹進行統一和總結,如圖 10-7 所示。

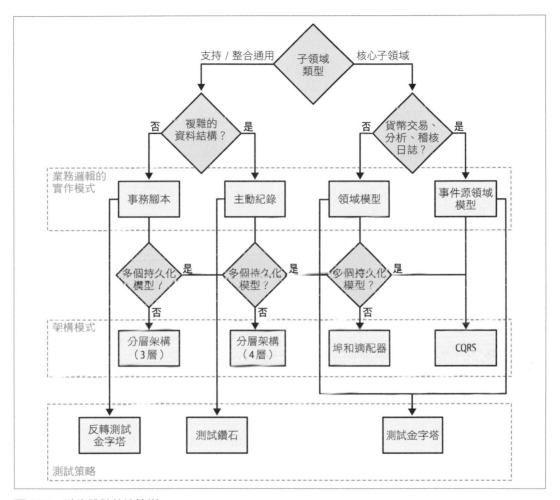

圖 10-7　戰術設計的決策樹

如您所見，辨別子領域的類型並依循此決策樹，為您制定基本設計決策提供了堅實的起點。儘管如此，重要的是要重申這些是啟發式方法的，而不是硬性規定。每個規則都有例外，更不用說啟發式方法了，根據定義，它並不是在 100% 的情況下都是正確的。

這個決策樹是基於我對使用簡單工具的偏好，而且只在絕對必要時才使用進階的模式——領域模型、事件源領域模型、CQRS 等。另一方面，我遇到過一些團隊，他們在實作事件源領域模型方面擁有豐富的經驗，因此把它用於他們的所有子領域，對他們來說，這比使用不同的模式更簡單。我可以向所有人推薦這種方法嗎？當然不行。在我工作過或諮詢過的公司中，基於啟發式方法比對每個問題都使用相同的解決方案更有效。

說到底，這取決於您的特定上下文。使用圖 10-7 中所示的決策樹及其所基於的設計啟發式方法作為指導原則，但不能取代批判性思考。如果您發現另一個啟發式方法更適合您，請隨意更改指導原則或乾脆建立您自己的決策樹。

總結

本章將本書的第一、第二部分和基於啟發式方法的決策框架連結起來。您學習了如何應用業務領域及其子領域的知識來驅動技術上的決策：選擇安全的限界上下文邊界、為應用程式的業務邏輯建模，以及確定編排每個限界上下文內部元件互動所需的架構模式。最後，我們繞道進入另一個經常引起激烈爭論的不同主題——哪種測試更重要——並根據業務領域，使用相同的框架對不同測試進行優先度的排序。

制定設計決策很重要，但更重要的是隨著時間的推移驗證決策的有效性。在下一章中，我們將把討論轉移到軟體設計生命週期的下一階段：設計決策的演化。

練習

1. 假設您正在實作 WolfDesk（參見前言）的工單（ticket）生命週期管理系統。它是一個需要對其行為進行深入分析的核心子領域，以便隨著時間的推移進一步最佳化演算法。您實作業務邏輯和元件架構的初始策略是什麼？您的測試策略是什麼？

2. 對於 WolfDesk 客服人員的輪班管理模組，您的設計決策是什麼？

3. 為了減輕客服人員的輪班管理流程，您想要使用不同地區國定假日的外部供應商，該流程透過定期呼叫外部供應商並獲取下次國定假日的日期和名稱來運作。您將使用哪些業務邏輯和架構模式來實作此整合？您將如何測試它？

4. 根據您的經驗，本章介紹的基於啟發式方法的決策樹還可以包含軟體開發過程的哪些其他方面？

第十一章

演化設計決策

在我們居住的現代、快節奏的世界中，公司不能死氣沉沉。為了跟上競爭的步伐，他們必須隨著時間的推移不斷地改變、演化甚至改造自己，在設計系統時，我們不能忽視這個事實，特別是如果我們打算設計能夠很好地適應業務領域需求的軟體。如果變化沒有被適當地管理，即使是最複雜、最周密的設計最終也將成為維護和發展的夢魘。本章討論軟體專案環境的變化如何影響設計決策以及如何相應地演化設計。我們將研究四個最常見的變化動力：業務領域、組織結構、領域知識、成長。

領域的變化

在第 2 章中，您學習了二種類型的業務子領域（subdomains）以及它們之間的差異：

核心（*Core*）

　　公司為了獲得競爭優勢而採取與競爭對手不同的活動

支持（*Supporting*）

　　公司做的事情與競爭對手不同，但不能提供競爭優勢

通用（*Generic*）

　　所有公司都以相同方式做的事情

在前面的章節中，您看到了子領域的類型會影響戰略和戰術設計的決策：

- 如何設計限界上下文（bounded contexts）的邊界
- 如何編排上下文（contexts）之間的整合
- 使用哪些設計模式來適應業務邏輯的複雜度

要設計由業務領域需求驅動的軟體，辨別業務子領域及其類型至關重要。然而，這還不是全部，警覺到子領域的演化同樣重要。隨著組織的成長和演化，它的一些子領域從一個類型轉變為另一個類型並不罕見。讓我們來看一些這種變化的例子。

核心到通用

想像一下，一家名為 BuyIT 的線上零售公司一直在實行自己的訂單快遞解決方案。它開發了一種創新演算法來最佳化其快遞員的送貨路線，因此能夠收取比競爭對手更低的快遞費用。

有一天，另一家公司——DeliverIT——顛覆了快遞行業，它聲稱已經解決了「旅行推銷員（traveling salesman）」問題，並提供了路徑最佳化服務。DeliverIT 的最佳化不僅更先進，而且其成本僅為 BuyIT 執行相同任務所需成本的一小部分。

從 BuyIT 的角度來看，一旦 DeliverIT 的解決方案作為現成的產品提供出來，其核心子領域就變成了通用子領域。結果，BuyIT 的所有競爭對手都可以使用最佳解決方案。如果沒有大量的研發投資，BuyIT 就無法在路徑最佳化的子領域獲得競爭優勢，以前被認為是 BuyIT 的競爭優勢已經成為它所有競爭對手都可以使用的商品。

通用到核心

自成立以來，BuyIT 一直使用現成的解決方案來管理庫存。然而，其商業智慧（business intelligence）報告不斷顯示出它對客戶需求預測的不足。結果，BuyIT 未能補充最受歡迎產品的庫存，而在不受歡迎的產品上浪費了倉庫的空間。在評估了一些庫存管理的替代解決方案之後，BuyIT 管理團隊做出了投資設計和建立內部系統的戰略決策。這個內部解決方案將考慮到 BuyIT 所銷售產品的複雜度，並更好地預測客戶的需求。

BuyIT 決定用自己的實踐取代現成的解決方案，這已將庫存管理從通用子領域轉變為核心子領域：功能的成功實作將為 BuyIT 提供超越其競爭對手的額外競爭優勢——競爭對手將繼續「停滯」在通用解決方案，無法使用 BuyIT 發明並開發的進階需求預測演算法。

現實生活中將通用子領域轉變為核心子領域的典型例子是亞馬遜（Amazon）公司。和所有的服務供應商一樣，亞馬遜需要一個基礎設施來運行其服務。該公司能夠「改造」其管理實體基礎設施的方式，後來甚至將其轉變為一項能獲利的業務：Amazon Web Services。

支持到通用

BuyIT 的行銷部門實作了一個系統來管理和它合作的供應商及契約。該系統沒有什麼特別或複雜的——它只是一些用來輸入資料的 CRUD 使用者介面。換句話說，它是一個典型的支持子領域。

然而，在 BuyIT 開始實作內部解決方案幾年後，出現了一個開源契約管理的解決方案，此開源專案實作了和現有解決方案相同的功能，而且具有更進階的功能，如 OCR 和全文搜尋。這些附加功能長期以來一直在 BuyIT 積壓的工作之中，但由於它們對業務的影響很小，因此從未被優先處理。因此，該公司決定放棄內部解決方案，轉而整合開源的解決方案。這樣做時，文件管理的子領域從支持轉變成通用子領域。

支持到核心

支持子領域也可以轉變成核心子領域——例如，如果公司找到一種方法來最佳化支持邏輯，進而降低成本或是產生額外的利潤。

這種轉變的典型徵兆是支持子領域的業務邏輯越來越複雜。根據定義，支持子領域很簡單，主要類似於 CRUD 介面或是 ETL 流程。但是，如果業務邏輯隨著時間的推移變得更加複雜，那麼額外的複雜度應該有其理由。如果不影響公司的利潤，為什麼會變得更複雜？這是意外的業務複雜度。另一方面，如果它提高了公司的獲利能力，這是支持子領域成為核心子領域的標識。

核心到支持

隨著時間推移，核心子領域可以成為支持子領域。當子領域的複雜度不合理時，就會發生這種情況，換句話說，它不能獲利。在這種情況下，組織可能會決定削減無關的複雜度，留下支持實行其他子領域所需的最少邏輯。

通用到支持

最後，出於和核心子領域相同的原因，通用子領域可以轉變成支持子領域。回到 BuyIT 文件管理系統的例子，假設公司已經確定整合開源解決方案的複雜度並不能驗證其利益，而且已經採用回內部的系統。結果，通用子領域轉變為支持子領域。

我們剛剛討論的子領域變化如圖 11-1 所示。

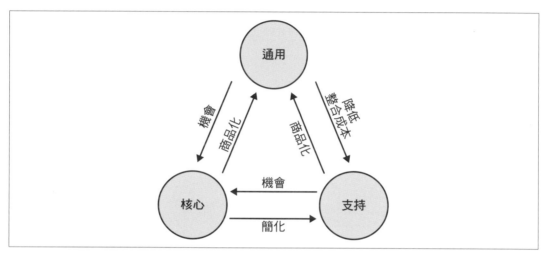

圖 11-1　子領域類型改變的因素

戰略設計的問題

子領域類型的變化直接影響到它的限界上下文，進而影響相對應的戰略設計決策。正如您在第 4 章學習到的，不同的限界上下文整合模式適應了不同的子領域類型。核心子領域必須透過使用防腐層（anticorruption layers）來保護它們的模型，而且必須藉由使用釋出語言（published languages）來保護客戶免受實作模型頻繁更改的影響（OHS）。

受這種更改影響的另一個整合模式是各行其道（separate ways）模式。正如您之前看到的，團隊可以將這種模式用於支持和通用子領域。如果子領域變成核心子領域，則不再接受多個團隊複製其功能。因此，團隊別無選擇，只能整合它們的實踐。在這種情況下，客戶—供應商（customer-supplier）關係最為合理，因為核心子領域將僅由一個團隊實行。

從實行策略的角度來看，核心和支持子領域的實行方式不同。支持子領域可以外包或當作新員工的「輔助輪」。核心子領域必須在內部實行，盡可能地接近領域知識的來源。因此，當一個支持子領域轉變成一個核心子領域時，它的實行應該在內部移動。同樣的邏輯反過來也適用。如果核心子領域變成支持子領域，則可以外包此實行，讓內部研發團隊專注於核心子領域。

戰術設計的問題

子領域類型變化的主要指標是現有的技術設計無法支援目前的業務需求。

讓我們回到支持子領域成為核心子領域的例子。支持子領域是用相對簡單的設計模式來實行的，用來對業務邏輯進行建模：即事務腳本（transaction script）或主動記錄（active record）模式。正如您在第 5 章中看到的，這些模式不適合涉及複雜規定和固定規則（invariants）的業務邏輯。

若隨著時間推移，將複雜的規定和固定規則增加到業務邏輯中，程式碼庫（codebase）也會變得越來越複雜。增加新功能會很痛苦，因為設計不支援新的複雜程度，這種「痛苦」是一個重要的訊號，把它當作重新評估業務領域和設計選擇的呼叫。

不用害怕改變實作策略的需要，這是正常的。我們無法預見一個企業將如何演化，我們也不能為所有類型的子領域採用最精密的設計模式；那將是浪費且無效的。我們必須選擇最適合的設計並在有需要時演化它。

如果有意識地決定如何對業務邏輯進行建模，而且您明白所有可能的設計選擇以及它們之間的差異，那麼從一個設計模式遷移到另一個設計模式並不會那麼麻煩。以下小節重點介紹了幾個例子。

事務腳本到主動紀錄

在它們的核心，事務腳本和主動記錄模式都是基於相同的原則：業務邏輯被實作為一個程序性腳本。它們之間的區別在於資料結構（data structures）的建模方式：主動記錄模式導入了資料結構來封裝映射（mapping）它們到儲存機制的複雜度。

因此，當在事務腳本中處理資料變得具有挑戰性時，重構它為主動記錄模式，尋找複雜的資料結構並把它們封裝在主動記錄的物件（objects）中。與其直接存取資料庫（database），不如使用主動記錄來抽象化其模型和結構。

主動紀錄到領域模型

如果操控主動記錄的業務邏輯變得複雜,而且您注意到越來越多不一致和重複的情況,重構此實作為領域模型(domain model)的模式。

從識別值物件(value objects)開始。哪些資料結構可以建模為不可變(immutable)物件?尋找相關的業務邏輯,並使它成為值物件的一部分。

接下來,分析資料結構並尋找事務邊界。為了確保所有的狀態修改邏輯都是明確的,請將所有主動記錄的設定器(setters)設為私有,以便只能從主動記錄本身的內部修改它們。不用說,可以預期編譯(compilation)的失敗;但是,編譯錯誤將使狀態修改邏輯所在的位置變得明確,重構它為主動記錄的邊界。例如:

```
public class Player
{
    public Guid Id { get; set; }
    public int Points { get; set; }
}

public class ApplyBonus
{
    ...

    public void Execute(Guid playerId, byte percentage)
    {
        var player = _repository.Load(playerId);
        player.Points *= 1 + percentage/100.0;
        _repository.Save(player);
    }
}
```

在以下程式碼中,您可以看到轉換的第一步。程式碼還不能編譯,但錯誤會使外部元件控制的物件狀態位置變得明確:

```
public class Player
{
    public Guid Id { get; private set; }
    public int Points { get; private set; }
}

public class ApplyBonus
{
    ...

    public void Execute(Guid playerId, byte percentage)
```

```
    {
        var player = _repository.Load(playerId);
        player.Points *= 1 + percentage/100.0;
        _repository.Save(player);
    }
}
```

在下一次迭代中，我們可以將該邏輯移動到主動記錄的邊界內：

```
public class Player
{
    public Guid Id { get; private set; }
    public int Points { get; private set; }

    public void ApplyBonus(int percentage)
    {
        this.Points *= 1 + percentage/100.0;
    }
}
```

當所有修改狀態的業務邏輯都移動到相對應物件的邊界內時，檢視什麼階層（hierarchies）是需要的，以確保業務規則和固定規則的檢查具備高度的一致性，這些是聚合（aggregates）的良好候選者。記住我們在第 6 章中討論的聚合設計原則，尋找最小的事務邊界，即需要保持高度一致性的最小資料量。沿著這些邊界分解階層，確保外部的聚合僅透過它們的 IDs 被參考。

最後，對於每個聚合，確定其根（root）或公開介面（public interface）的進入點。將聚合中所有其他內部物件的方法（methods）設為私有，並且只能在聚合中呼叫。

領域模型到事件源領域模型

一旦您擁有一個具有正確設計聚合邊界的領域模型，您就可以將它轉換為事件源（event-sourced）模型。不是直接修改聚合的資料，而是對表示聚合生命週期所需的領域事件進行建模。

將領域模型重構為事件源領域模型最具挑戰性的方面是既有聚合的歷史：將「無時間性」的狀態遷移到基於事件的模型中。由於不存在表示所有過去狀態更改的細粒度（fine-grained）資料，因此您必須盡最大的努力產生過去的事件或模型的遷移事件。

產生過去的轉換

這種方法需要為每個聚合產生一個近似的事件串流（stream），以便能將事件串流推算到與原始實作相同的狀態表示中。想想看您在第 7 章中看到的範例，如表 11-1 所示。

表 11-1　聚合資料基於狀態的表示

潛在客戶 id	名字	姓氏	電話號碼	狀態	最後聯繫時間	下訂單時間	轉換時間	後續行動時間
12	Shauna	Mercia	555-4753	converted	2020-05-27T 12:02:12.51Z	2020-05-27T 12:02:12.51Z	2020-05-27T 12:02:12.51Z	null

我們可以從業務邏輯的角度假設聚合的實例（instance）已經初始化；然後聯繫了這個人、下訂單，最後由於狀態為「已轉換（converted）」，訂單的付款已獲得確認。以下一組事件可以代表這些所有假設：

```
{
    "lead-id": 12,
    "event-id": 0,
    "event-type": "lead-initialized",
    "first-name": "Shauna",
    "last-name": "Mercia",
    "phone-number": "555-4753"
},
{
    "lead-id": 12,
    "event-id": 1,
    "event-type": "contacted",
    "timestamp": "2020-05-27T12:02:12.51Z"
},
{
    "lead-id": 12,
    "event-id": 2,
    "event-type": "order-submitted",
    "payment-deadline": "2020-05-30T12:02:12.51Z",
    "timestamp": "2020-05-27T12:02:12.51Z"
},
{
    "lead-id": 12,
    "event-id": 3,
    "event-type": "payment-confirmed",
    "status": "converted",
    "timestamp": "2020-05-27T12:38:44.12Z"
}
```

當逐一應用時，這些事件可以像在原始系統中一樣被推算到精確的狀態表示中。透過推算狀態並把它和原始資料做比較，可以輕鬆地測試「復原」的事件。

但是，重要的是要記住這個方法的缺點。使用事件源的目標是獲得一個可靠、高度一致的聚合領域事件歷史。使用這個方法時，不可能復原狀態轉換的完整歷史。在前面的範例中，我們不知道銷售人員和這個人聯繫了多少次，因此，我們已經不知錯過了多少個「已聯繫（contacted）」的事件。

為遷移事件建模

另一個方法是承認缺乏對過去事件的了解，並將它明確地建模為事件。與其復原可能導致目前狀態的事件，不如定義一個遷移事件並用它來初始化現有聚合實例的事件串流：

```
{
    "lead-id": 12,
    "event-id": 0,
    "event-type": "migrated-from-legacy",
    "first-name": "Shauna",
    "last-name": "Mercia",
    "phone-number": "555-4753",
    "status": "converted",
    "last-contacted-on": "2020-05-27T12:02:12.51Z",
    "order-placed-on": "2020-05-27T12:02:12.51Z",
    "converted-on": "2020-05-27T12:38:44.12Z",
    "followup-on": null
}
```

這個方法的優點是它使過去缺乏的資料變得明確，任何階段都不能有人錯誤地假設事件串流捕獲了聚合實例生命週期中發生的所有領域事件。缺點是舊有系統（legacy system）的痕跡將永遠留在事件儲存庫（event store）中。例如，如果您正在使用命令一查詢職責分離（CQRS）模式（而且您很可能會使用事件源領域模型），則推算將總是必須把遷移事件納入考慮。

組織變化

另一種可能影響系統設計的變化是組織本身的變化。第 4 章查看了整合限界上下文的不同模式：合夥關係（partnership）、共享核心（shared kernel）、追隨者（conformist）、防腐層、開放主機服務（open-host service）、各行其道。組織結構的變化會影響團隊的溝通和協作水準，進而影響限界上下文的整合方式。

如圖 11-2 所示，研發中心不斷成長就是這種變化的一個平常例子。由於限界上下文只能由一個團隊實作，因此增加新的開發團隊可能會導致既有的較廣限界上下文邊界分裂成較小的邊界，以便每個團隊都可以在自己的限界上下文中工作。

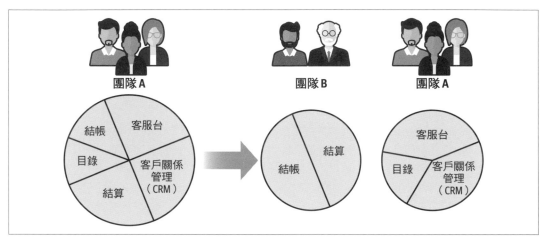

圖 11-2　拆分廣的限界上下文以適應不斷成長的工程團隊

此外，組織的研發中心通常位於不同的地理位置。當現有限界上下文的工作轉移到另一個地點時，可能會對團隊的協作產生負面影響。因此，限界上下文的整合模式必須相對應地演化，如以下情境所述。

合夥關係到客戶—供應商

合夥關係模式假設團隊之間有很強的溝通和協作。隨著時間流逝，情況可能不再如此；例如，當一個限界上下文的工作被轉移到一個遙遠的開發中心時。這種變化將對團隊的溝通產生負面影響，從合夥模式轉向客戶—供應商關係可能是合理的。

客戶—供應商到各行其道

不幸的是，團隊遇到嚴重的溝通問題並不少見。這些問題可能是由地理距離或組織政治所引起的。隨著時間推移，這樣的團隊可能會遇到越來越多的整合問題。在某些時候，複製功能而非不斷追逐對方的尾巴可能變得更具成本效益。

領域知識

如您記得的，領域驅動設計的核心原則是：對於設計成功的軟體系統，領域知識是必要的。獲取領域知識是軟體工程中最具挑戰性的面向之一，尤其是核心子領域。核心子領域的邏輯不僅複雜，而且預期會經常改變。此外，建模是一個持續的過程，隨著對業務領域的更多理解，模型必須改進。

很多時候，業務領域的複雜度是隱性的，一開始一切似乎都簡單又直接，起初的簡單性通常帶有欺騙性，它很快就會演變成複雜度。隨著更多功能的增加，越來越多的極端情況、固定規則和規定被發現。這種洞察通常具有破壞性，需要從頭開始重建模型，包括限界上下文、聚合和其他實作細節的邊界。

從戰略設計的角度來看，根據領域知識的水準來設計限界上下文的邊界是一種有用的啟發式方法。將系統分解為限界上下文的成本可能會很高，因此，當領域邏輯不清楚而且經常改變時，設計具有較寬廣邊界的限界上下文是合理的。然後，隨著時間推移發現領域知識，而且業務邏輯的更改穩定下來了，這些寬廣的限界上下文可以分解為具有較窄邊界的上下文或微服務（*microservices*）。我們將在第 14 章更詳細地討論限界上下文和微服務之間的相互作用。

當發現新的領域知識時，應該利用它來改進設計並使它更具彈性。不幸的是，領域知識的變化並不總是正面的：領域知識可能會丟失。隨著時間推移，文件經常變得老舊，從事原始設計的人離開公司，新功能以一種臨時的方式被增加，直到程式碼庫在某個時候得到舊有系統的可疑狀態。

主動防止這種領域知識的退化是極其重要的，復原領域知識的有效工具是事件風暴（EventStorming）工作坊，這是下一章的主題。

成長

成長是健康系統的標識。當新功能不斷增加時，這是系統成功的標識：它為使用者帶來價值，並被擴展以進一步滿足使用者的需求，而且跟上競爭產品的腳步。但成長也有陰暗面，隨著軟體專案的成長，它的程式碼庫可能會變成一個大泥球（big ball of mud）：

> 大泥球是一個雜亂結構的、不規則擴展的、草率的、牛皮膠帶和打包鐵線
> （*duct-tape-and-balingwire*）、義大利麵式程式碼（*spaghetti-code*）的叢林。
> 這些系統顯示出無紀律成長的明顯標識，以及反覆的、權宜之計的修復。
>
> —Brian Foote 和 Joseph Yoder[1]

在沒有重新評估設計決策的情況之下，擴展軟體系統的功能會導致無紀律的成長，進而導致大泥球。成長打破了元件的邊界，日益擴展了它們的功能。檢查成長對設計決策的影響至關重要，特別是因為許多領域驅動設計的工具都是關於設定邊界的：業務建構區塊（子領域）、模型（限界上下文）、不變性（值物件），或是一致性（聚合）。

處理成長所帶來複雜度的指導原則是識別並消除意外的複雜度：由過時的設計決策引起的複雜度。應該使用領域驅動設計的工具和實踐來管理業務領域的必要複雜度或固有複雜度。

當我們在前面的章節中討論 DDD 時，我們遵循的流程是先分析業務領域及其戰略元件、設計業務領域的相關模型，然後用程式碼設計並實作模型。讓我們按照相同的腳本來處理成長帶來的複雜度。

子領域

正如我們在第 1 章中討論的，子領域的邊界很難識別，所以我們必須努力尋找有用的邊界，而不是追求完美的邊界。也就是說，子領域應該讓我們識別具有不同業務價值的元件，並用適當的工具來設計並實行解決方案。

隨著業務領域的成長，子領域的邊界會變得更加模糊，這使得要識別一些情況：跨多個更細粒度（finer-grained）子領域的子領域，變得更加困難。因此，重要的是重新檢視已識別的子領域並遵循連貫使用案例（處理同一組資料的使用案例集）的啟發式方法，以試著辨別出要在何處拆分子領域（見圖 11-3）。

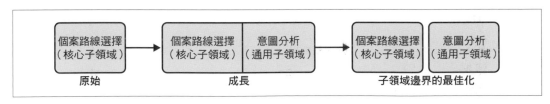

圖 11-3　最佳化子領域的邊界以適應成長

1　Brian Foote and Joseph Yoder. Big Ball of Mud. Fourth Conference on Patterns Languages of Programs (PLoP '97/EuroPLoP '97), Monticello, Illinois, September 1997.

如果您能夠識別不同類型的更細粒度子領域，這是一個重要的洞察，可以讓您管理業務領域的必要複雜度。關於子領域及其類型的資訊越精確，您在為每個子領域選擇技術解決方案時就越有效。

識別可以被提取並變得明確的內部子領域對於核心子領域尤其重要。我們應該總是設法從所有其他子領域中盡可能地精煉出核心子領域，以便我們可以把精力投入到從業務戰略角度來看最重要的地方。

限界上下文

在第 3 章中，您學習到限界上下文模式允許我們使用不同的業務領域模型。我們可以建立多個模型，每個模型都專注於解決特定的問題，而不是建立一個「萬事通」的模型。

隨著專案的演化和成長，限界上下文失去焦點並累積和不同問題相關的邏輯並不少見，這是意外的複雜度。和了領域一樣，不時重新檢視限界上下文的邊界至關重要，永遠要尋找簡化模型的機會，藉由提取高度專注於解決特定問題的限界上下文。

成長還可以使既存的隱性設計問題變得明確。例如，您可能會注意到隨著時間推移，許多限界上下文變得越來越「愛說話」，如果不呼叫另一個限界上下文就無法完成任何操作。這可能是一個無效模型的強烈訊號，應該透過重新設計限界上下文的邊界以增加其自主權來解決這個問題。

聚合

當我們在第 6 章討論領域模型模式時，我們使用以下指導原則來設計聚合的邊界：

> 經驗法則是使聚合盡可能小，而且只包含了被業務領域要求要處於高度一致狀態的物件。

隨著系統業務需求的成長，可以「方便地」在現有聚合中分配新功能，不用重新檢視保持聚合較小的原則。如果聚合成長到涵括了其所有業務邏輯不需要高度一致的資料，那麼這就是必須消除的意外複雜度。

將業務功能提取到專用的聚合中，不僅可以簡化原本的聚合，而且還可以簡化它所屬的限界上下文。這種重構通常會揭露一個額外的隱藏模型，一旦它變得明確，就應該把它提取到不同的限界上下文中。

總結

正如 Heraclitus 說的名言，生命中唯一不變的事就是改變。企業也不例外，為了保持競爭力，公司不斷努力發展並改造自己，這些變化應該被視為設計過程的首要元素。

隨著業務領域的發展，必須識別對其子領域的變化，並在系統設計中採取行動。確保您過去的設計決策與業務領域及其子領域的目前狀態保持一致。有需要時，改進您的設計以更好地符合當前的業務戰略和需求。

同樣重要的是，要認知到組織結構的變化會影響團隊之間的溝通和合作，以及它們限界上下文可以整合的方式。了解業務領域是一個持續的過程，隨著時間推移，越來越多的領域知識被發現，必須利用它來發展戰略和戰術設計決策。

最後，軟體成長是一個理想的變化類型，但如果管理不當，它可能會對系統的設計和架構產生災難性的影響。所以：

- 當子領域的功能擴展時，試著識別更細粒度的子領域邊界，這將使您能夠制定出更好的設計決策。

- 不要讓限界上下文成為一個「萬事通」，確保限界上下文所包含的模型專注於解決特定的問題。

- 確保聚合的邊界盡可能小，使用高度一致性資料的啟發式方法來檢查將業務邏輯提取到新聚合中的可能性。

在這個主題上，我的最後一句智慧良言是：不斷檢查不同的邊界，以尋找成長帶來的複雜度標識，採取行動來消除意外的複雜度，並使用領域驅動設計的工具來管理業務領域的必要複雜度。

練習

1. 限界上下文整合的哪些變化往往是由組織的成長帶來的？
   A. 合夥關係到客戶—供應商（追隨者、防腐層，或開放主機服務）
   B. 防腐層到開放主機服務
   C. 追隨者到共享核心
   D. 開放主機服務到共享核心

2. 假設限界上下文的整合從追隨者關係轉變為各行其道,您可以根據這個變化推論出什麼資訊?

    A. 研發團隊的努力合作。

    B. 複製的功能不是支持就是通用子領域。

    C. 複製的功能是核心子領域。

    D. A 和 B。

    E. A 和 C。

3. 支持子領域成為核心子領域的徵兆是什麼?

    A. 改進現有模型和實作新需求變得更加容易。

    B. 改進現有模型變得很痛苦。

    C. 子領域以更高的頻率變化。

    D. B 和 C。

    E. 以上皆非。

4. 發現新的業務機會能帶來什麼變化?

    A. 支持子領域轉變為核心子領域。

    B. 支持子領域轉變為通用子領域。

    C. 通用子領域轉變為核心子領域。

    D. 通用子領域轉變為支持子領域。

    E. A 和 B。

    F. A 和 C。

5. 業務戰略的哪些變化可以把 WolfDesk(前言中描述的虛構公司)的通用子領域之一變成核心子領域?

第十二章

事件風暴

在本章中,我們將暫時不討論軟體設計的模式和技術。事實上,我們將專注於稱為事件風暴(*EventStorming*)的低技術建模流程,這個流程匯集了我們在前幾章中介紹領域驅動設計(domain-driven design)的核心面向。

您將學習事件風暴的流程、如何促進事件風暴工作坊,以及如何利用事件風暴以有效共享領域知識並建立統一語言(ubiquitous language)。

什麼是事件風暴?

事件風暴是一項低技術的活動,供一群人集思廣益並快速為業務流程建模。就某種意義上來說,事件風暴是一個共享業務領域知識的戰術工具。

事件風暴會議有一個範圍:小組有興趣探索的業務流程。參與者正在探索這個作為一系列領域事件的流程,並在時間軸上用便利貼呈現。逐步地,模型透過額外的概念——角色(actors)、命令(commands)、外部系統等——獲得改進,直到它的所有元素都講述了業務流程如何運作的故事。

誰應該參與事件風暴?

請記住,工作坊的目標是盡可能在最短的時間內盡量地學習。我們邀請關鍵人物來到工作坊,我們不想浪費他們寶貴的時間。

——Alberto Brandolini,事件風暴工作坊的創始人

理想上，應該要有各式各樣的人參加工作坊。事實上，任何與業務領域相關的人都可以參與：工程師、領域專家（domain experts）、產品負責人（product owners）、測試人員、UI/UX 設計師、客服人員等等。隨著更多不同背景的人參與進來，就會發現更多的知識。

但是請注意，不要讓群組太大。每位參與者都應該能夠為這個流程做出貢獻，但這對於超過 10 人的群組來說可能具有挑戰性。

您需要為事件風暴準備什麼？

事件風暴被認為是一個低技術的工作坊，因為它是用筆和紙來完成的──實際上是很多紙。讓我們來看看您需要準備什麼來促進事件風暴會議：

建模空間

首先，您需要一個大的建模空間。用牛皮紙覆蓋的一整面牆是最佳的建模空間，如圖 12-1 所示。一面大白板也可以滿足這個目的，但它必須盡可能地大──您會需要所有您能夠獲得的建模空間。

便利貼

接下來，您需要大量不同顏色的便利貼，這些便利貼會用來表示業務領域的不同概念，每位參與者都應該可以自由增加它們，所以請確保您有足夠的顏色和數量給每個人使用。下一節將介紹傳統上用於事件風暴的顏色，可能的話，最好遵守這些慣例，以與所有目前可取得的事件風暴書籍和培訓保持一致。

馬克筆

您還需要可以用來在便利貼上書寫的馬克筆。同樣的，物資不應該成為知識共享的瓶頸──應該提供足夠的馬克筆給所有參與者使用。

零食

一個典型的事件風暴工作坊大約持續 2 到 4 個小時，所以帶一些健康的零食來補充能量。

會議室

最後，您需要一個寬敞的會議室，確保中間沒有一張巨大的桌子，它會妨礙參與者自由移動和觀察建模空間。此外，椅子是事件風暴工作坊的一大禁忌。您希望人們參與並分享知識，而不是坐在角落裡。因此，可能的話，把椅子搬出會議室。[1]

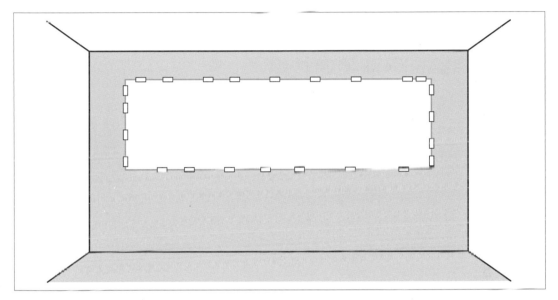

圖 12-1　事件風暴的建模空間

事件風暴的流程

事件風暴工作坊通常以 10 個步驟來進行。在每個步驟中，模型都豐富了額外的資訊和概念。

步驟 1：非結構化探索

事件風暴開始於領域事件的腦力激盪，這和正在探索的業務領域有關。領域事件是在業務中發生的一些有趣的事情。用過去式來表述領域事件很重要（見圖 12-2）——它們描述的是已經發生的事。

1　當然，這不是硬性規定。如果一些參與者覺得很難站這麼久，請留下幾張椅子。

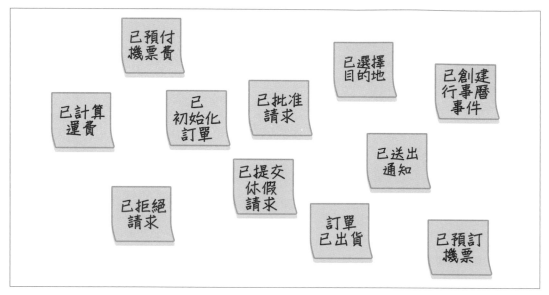

圖 12-2　非結構化探索

在這一步中，所有參與者都抓著一堆橘色的便利貼，寫下想到的任何領域事件，並把它們貼在建模平面上。

在這個早期階段，不需要擔心事件的排序，甚至不需要擔心冗餘。這一步是有關於腦力激盪在業務領域可能發生的事。

該小組應繼續產生領域事件，直到增加新事件的速度明顯慢下來了。

步驟 2：時間軸

接下來，參與者瀏覽產生的領域事件，並按照它們在業務領域中發生的順序來組織它們。

事件應該從「快樂路徑（happy path）的情境」開始：描述成功業務情境的流程。

一旦完成「快樂路徑」，就可以增加另一種情境——例如，遇到錯誤或做出不同業務決策的路徑。流（flow）的分支可以表示為來自前一個事件的兩個流，或是在建模平面上繪製箭頭，如圖 12-3 所示。

圖 12-3　事件流

這一步也是修復不正確事件、刪除重複事件的時間，當然如果有需要，還可以增加丟失的事件。

步驟 3：痛點

在時間軸中組織好事件之後，用這個寬廣的視野來確定過程中需要注意的點。這些可能是瓶頸、需要自動化的手動步驟、丟失的文件，或是丟失的領域知識。

重要的是要使這些無效率的部分變得明確，以便在事件風暴會議進行時輕鬆回到它們身上，或是在之後解決它們。痛點（pain points）用旋轉的（菱形）粉紅色便利貼來標示，如圖 12-4 所示。

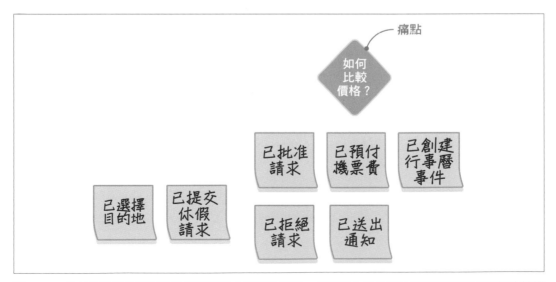

圖 12-4　菱形的粉紅色便利貼指出了流程中需要注意的一個面向：丟失關於在預訂過程中如何比較機票價格的領域知識

當然，這一步並不是追蹤痛點的唯一機會。作為促進者（facilitator），在整個過程中注意參與者的評論，當問題或疑慮被提出時，把它記錄為痛點。

步驟 4：關鍵事件

一旦您有了一個已增加痛點的事件時間軸，就可以尋找表明上下文（context）或階段中發生變化的重要業務事件。這些被稱為關鍵事件（*pivotal events*），並用垂直線標記，將關鍵事件之前和之後的事件分開。

例如，「已初始化購物車」、「已初始化訂單」、「訂單已出貨」、「訂單已送達」和「訂單已退回」代表了下訂單過程中的重大變化，如圖 12-5 所示。

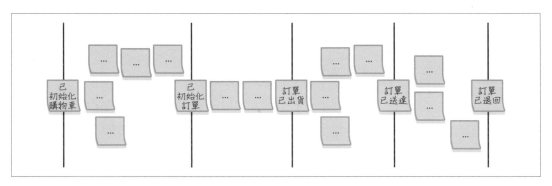

圖 12-5　表示事件流中上下文變化的關鍵事件

關鍵事件是潛在限界上下文邊界的指標。

步驟 5：命令

領域事件描述了已經發生的事情，而命令描述了是什麼觸發了事件或事件流。命令描述系統的操作，而且和領域事件相反，命令是強行制定出來的。例如：

- 發布活動
- 轉返（roll back）事務
- 提交訂單

命令寫在淺藍色的便利貼上，並在它們放在建模空間上，位於它們可以產生的事件之前。如果特定命令是由特定職責的角色執行，則角色的資訊將會寫在黃色的小便利貼並加到命令上，如圖 12-6 所示。角色代表業務領域中的使用者人物誌（persona），例如客戶、管理員，或是編輯。

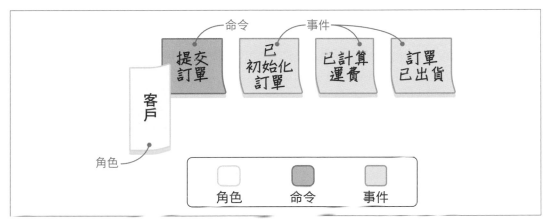

圖 12-6　由客戶（角色）執行「提交訂單」命令，隨後是「已初始化訂單」、「已計算運費」和「訂單已出貨」的事件

當然，並非所有命令都有相關聯的角色，所以只要在有明顯角色的地方加上角色資訊就好。在下一步中，我們將使用能觸發命令的其他實體（entities）來擴充模型。

步驟 6：政策

幾乎總是這樣，一些命令被增加到模型中，但沒有和它們相關聯的特定角色。在這個步驟中，您將尋找可能執行這些命令的自動化政策（automation policies）。

自動化政策是一個事件觸發命令執行的情境。換句話說，當特定的領域事件發生時，就會自動執行命令。

在建模平面上，政策被表示為將事件和命令連接起來的紫色便利貼，如圖 12-7 中的「政策」便利貼所示。

如果只在滿足某些決策標準時才應該觸發相關命令，則可以在政策的便利貼上明確指定決策標準。例如，如果您需要在「已收到投訴」事件後觸發 escalate 命令，但只有在收到來自 VIP 客戶的投訴時，您可以在政策便利貼上明確地聲明「僅限 VIP 客戶」的條件。

如果事件和命令的距離很遠，您可以在建模平面上繪製一個箭頭把它們連接起來。

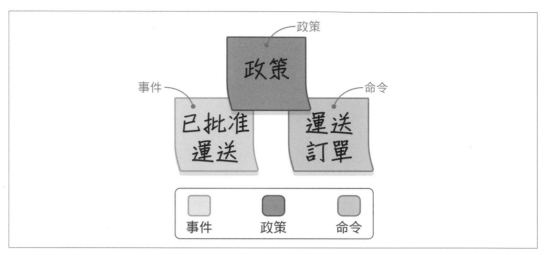

圖 12-7 當觀察到「已批准運送」事件時觸發「運送訂單」命令的自動化政策

步驟 7：讀取模型

讀取模型（read model）是領域內的資料檢視，角色用來制定決策以執行命令的領域，這可以是系統的螢幕、一份報告、一則通知等其中之一。

讀取模型由綠色的便利貼來表示（參見圖 12-8 中的「購物車」便利貼），並簡要說明支持角色決策所需的資訊來源。由於命令是在角色查看讀取模型之後執行，因此在建模平面上，讀取模型位於命令之前。

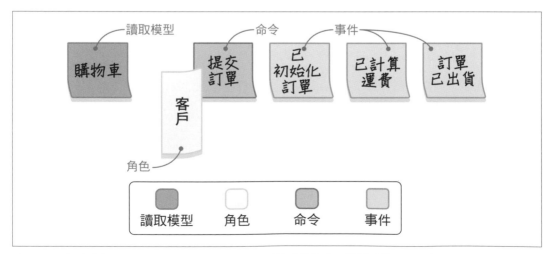

圖 12-8 客戶（角色）決定提交訂單（命令）所需的「購物車」檢視（讀取模型）

步驟 8：外部系統

這一步是關於用外部系統擴充模型。外部系統被定義為任何不屬於正在探索領域中的系統，它可以執行命令（輸入）或被通知事件（輸出）。

外部系統是由粉紅色的便利貼來表示。在圖 12-9 中，客戶關係管理（CRM）（外部系統）觸發「運送訂單」命令的執行。當運送被批准（事件）時，它會透過一個政策傳達給 CRM（外部系統）。

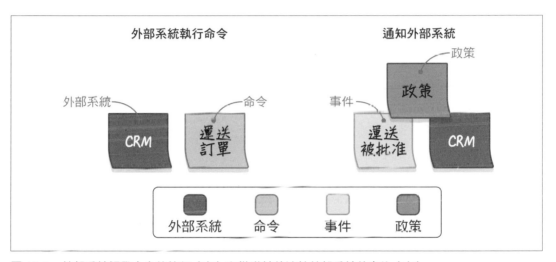

圖 12-9　外部系統觸發命令的執行（左）和批准被傳達給外部系統的事件（右）

在這一個步驟結束時，所有命令都應該由角色執行、由策略觸發，或由外部系統呼叫。

步驟 9：聚合

一旦所有的事件和命令都被表示出來，參與者就可以開始考慮將相關的概念組織起來，聚合（aggregate）會接收命令並產生事件。

聚合用黃色的大張便利貼來表示，左邊是命令，右邊是事件，如圖 12-10 所示。

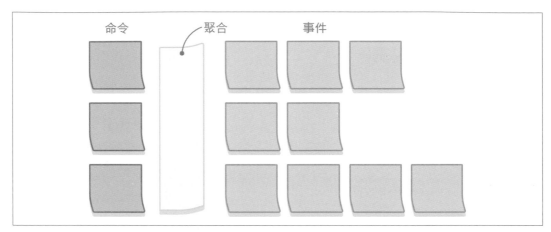

圖 12-10　以聚合方式組織的命令和領域事件

步驟 10：限界上下文

事件風暴會議的最後一步是查找彼此相關的聚合，因為它們代表密切相關的功能，或是因為它們透過政策耦合（coupled）。 聚合的群組形成限界上下文（bounded contexts）邊界的自然候選者，如圖 12-11 所示。

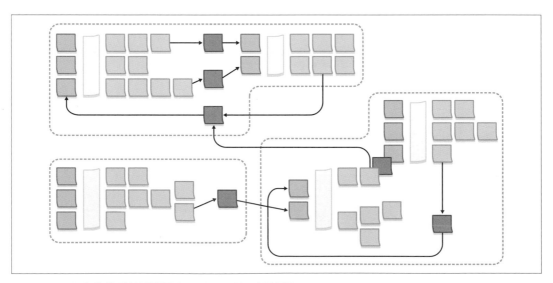

圖 12-11　從產生的系統到限界上下文的可能分解情況

變形

事件風暴工作坊的創始人 Alberto Brandolini 將事件風暴的流程定義為指導性，而非硬性規定。您可以自由地嘗試這個流程來找出最適合您的「食譜」。

根據我的經驗，在組織中引進事件風暴時，我更喜歡從探索業務領域的全局圖（big picture）開始，依循步驟 1（非結構化探索）到 4（關鍵事件），產生的模型涵蓋了公司的廣泛業務領域，為統一語言奠定了堅實的基礎，並勾勒了限界上下文的可能邊界。

在獲得全局圖並確定不同的業務流程之後，我們繼續為每個相關的業務流程提供一個專門的事件風暴會議——這一次，按照所有步驟對整個流程進行建模。

在完整的事件風暴會議結束時，您將擁有一個描述業務領域的事件、命令、聚合，甚至潛在的限界上下文模型。但是，所有這些都只是不錯的額外好處。事件風暴會議的真正價值在於過程本身——不同利害關係人之間的知識共享、他們業務心智模型（mental models）的一致性、分歧模型的發現，以及最後但同樣重要的，統一語言的制定。

由此產生的模型可以作為實作事件源領域模型（event sourced domain model）的基礎。決定是否要走這條路取決於您的業務領域，如果您決定實作事件源領域模型，您將擁有限界上下文的邊界、聚合，當然還有所需領域事件的藍圖。

何時使用事件風暴

有很多原因可以促成這個工作坊：

建立統一語言

當團隊合作以建立業務流程模型時，他們憑直覺同步術語並開始使用相同的語言。

為業務流程建模

事件風暴會議是建立業務流程模型的有效方式。由於它基於 DDD 導向的建構區塊，因此它也是一種發現聚合和限界上下文邊界的有效方法。

探索新的業務需求

您可以使用事件風暴來確保所有參與者都在新功能上達成共識，並揭露業務需求未涵蓋到的極端案例。

復原領域知識

隨著時間推移，領域知識可能會遺失。這在需要現代化的舊有系統（legacy systems）中尤其嚴重。事件風暴是一個有效的方式，可以將每位參與者所擁有的知識合併到一個單一、連貫的圖上。

探索改進既有業務流程的方法

擁有業務流程的端對端（end-to-end）視野，這提供了注意到無效率和改進流程機會的所需視角。

加入新的團隊成員

和新團隊成員一起促成事件風暴會議是擴展其領域知識的好方法。

除了何時使用事件風暴之外，重要的是要提到何時不使用它。當您正在探索的業務流程簡單或顯而易見時，事件風暴將會不太成功，例如依循一連串沒有任何有趣業務邏輯或複雜度的連續步驟。

促進的技巧

在和一群以前從未做過事件風暴的人進行事件風暴會議時，我更喜歡從快速概述流程開始，我會說明我們將要做什麼、我們將要探索的業務流程，以及我們將在工作坊中使用的建模元素。當我們查看元素——領域事件、命令、角色等等——我建立了一個圖例，如圖 12-12 所示，使用我們將使用的便利貼和標籤來幫助參與者記住顏色代碼。在工作坊期間，所有參與者都應該可以看到圖例。

注意動力

隨著研討會的進行，追蹤團隊的能量很重要，如果動力正在減緩，看看您是否可以藉由提問來重新激發這個過程，或者是否是時候進入工作坊的下一階段了。

請記住，事件風暴是一個團體活動，因此請確保它是這樣操作的。確保每個人都有機會參與建模和討論，如果您注意到一些參與者正從小組退縮，請試著透過詢問有關模型目前狀態的問題，來讓他們參與到這個流程中。

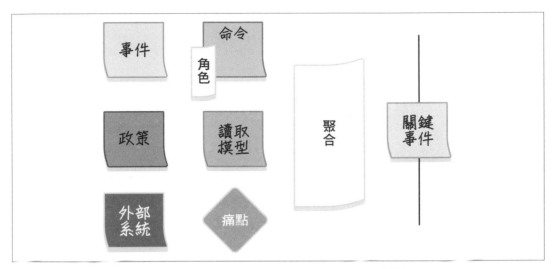

圖 12-12　圖例描述了事件風暴流程的各種元素，它們被寫在相對應的便利貼上

事件風暴是一個激烈的活動，在某些時候，團隊需要休息一下。在所有參與者都回到會議室之前，不要繼續這個會議。透過查看模型的目前狀態來繼續這個流程，以使團隊回到協作建模的氛圍之中。

遠端事件風暴

事件風暴被發明為一種低技術的活動，人們在同一個會議室裡互動和學習。工作坊的創始人 Alberto Brandolini 經常反對遠端進行事件風暴，因為當團隊不在同一地點時，不可能達到相同的參與水準，所以也無法達成協作和知識共享。

然而，隨著 2020 年新冠肺炎（COVID-19）流行病的大爆發，舉辦面對面的工作坊並按照預期進行事件風暴變得不可能。許多工具試圖實現遠端事件風暴會議的協作和推動，在撰寫本文時，其中最著名的是 miro.com。在進行線上事件風暴時要更加有耐心，並考慮到這樣會導致溝通效率的降低。

此外，我的經驗表明，遠端事件風暴會議在參與者數量較少的情況下更為有效。雖然多達 10 人可以參加面對面的事件風暴工作坊，但我更喜歡將線上工作坊限制為 5 名參與者。當您需要更多參與者貢獻他們的知識時，您可以促成多個會議，然後比較並合併產生的模型。

如果情況允許，請回到面對面的事件風暴。

總結

事件風暴是一個基於協作的業務流程建模工作坊。除了產生的模型之外，它的主要好處是知識共享，在會議結束時，所有參與者將會同步他們的業務流程心智模型，並邁出使用統一語言的第一步。

事件風暴就像騎自行車一樣，做中學比從書上閱讀來學習要容易得多。儘管如此，工作坊很有趣且易於促進，您不需要成為事件風暴黑帶即可開始。只需要促成會議、依循步驟，並在此過程中學習。

練習

1. 誰應該被邀請來參加事件風暴工作坊？

   A. 軟體工程師

   B. 領域專家

   C. 品質保證（QA）工程師

   D. 擁有您想探索的業務領域知識的所有利害關係人

2. 什麼時候是促成事件風暴會議的好機會？

   A. 建立統一語言。

   B. 探索新的業務領域。

   C. 復原棕地（brownfield）專案遺失的知識。

   D. 介紹新的團隊成員。

   E. 發現最佳化業務流程的方法。

   F. 以上所有答案都是正確的。

3. 您可以從事件風暴會議中獲得什麼結果？

   A. 更好地共享對業務領域的理解

   B. 為統一語言奠定堅實的基礎

   C. 發現在理解業務領域時的空白處

   D. 可用來實作領域模型的基於事件模型

   E. 以上全部，但取決於會議的目的

第十三章

真實世界中的領域驅動設計

我們已經介紹了用於分析業務領域、共享知識,以及制定戰略和戰術設計決策的領域驅動設計(domain-driven design)工具。想像一下,實際應用這些知識會多麼有趣。讓我們想想看一個情境,您正在從事一個新建(greenfield)的專案,您所有的同事都對領域驅動設計有很高的掌握度,一開始,所有人都在盡最大的努力來設計有效的模型,當然,他們都忠實地使用統一語言(ubiquitous language)。隨著專案的推進,限界上下文(bounded contexts)的邊界在保護業務領域模型方面是明確且有效的。最後,由於所有戰術設計決策都和業務戰略保持一致,因此程式碼庫(codebase)總是處於良好的狀態:它使用統一語言並實作適應模型複雜度的設計模式。現在,醒來吧。

您體驗到我剛才所描述實驗室環境的機會就和中彩券一樣,當然有可能,但不太可能。不幸的是,許多人錯誤地認為領域驅動設計只能應用於新建專案以及團隊中每個人都是 DDD 黑帶的理想條件下。諷刺的是,最能從 DDD 中受益的專案是棕地(brown-field)專案:那些已經證明其業務可行性,而且需要重組以對抗累積的技術債和設計熵(design entropy)的專案。巧合的是,我們在軟體工程職業生涯中大部分的時間都是在處理這些棕地、舊有(lagacy)、大泥球(big-balls-of-mud)的程式碼庫。

另一個關於 DDD 的常見誤解是,它是一個全有或全無的提案──您要應用此方法提供的所有工具,要不然就不是領域驅動設計。這不是事實,光要掌握這所有的概念似乎就難以承受了,更不用說要實際實行它們了。幸運的是,您不必應用所有模式和實踐來從領域驅動設計中獲取價值,對於棕地專案尤其如此,在合理的時間範圍內導入所有模式和實踐幾乎是不可能的。

在本章中,您將學習在真實世界中應用領域驅動設計工具和模式的戰略,包括在棕地專案和不太理想的環境中。

戰略分析

按照我們探索領域驅動設計模式和實踐的順序，在組織中導入 DDD 的最佳起點是花時間了解組織的業務戰略和系統架構的目前狀態。

了解業務領域

首先，確定公司的業務領域：

- 組織的業務領域是什麼？

- 誰是它的客戶？

- 組織向客戶提供什麼服務或價值？

- 該組織與哪些公司或產品競爭？

回答這些問題將使您對公司的高層次目標有一個鳥瞰圖。接下來，「拉近」到領域並尋找組織用來實行其高層次目標的業務建構區塊：子領域（subdomains）。

一個好的初步啟發式方法（heuristic）是公司的組織架構圖：它的部門和其他組織單位。檢查這些單位如何合作來讓公司能在它的業務領域中競爭。

此外，尋找特定類型子領域的標識。

核心子領域

要識別公司的核心子領域（core subdomains），請尋找它與競爭對手的區別：

- 公司是否有競爭對手缺乏的「秘方」？例如，內部設計的專利和演算法等知識財產權？

- 請記住，競爭優勢和核心子領域不一定是技術性的，公司是否具有非技術性的競爭優勢？例如，能否聘請到頂級人才、製作出獨特的藝術設計等等？

對於核心子領域，有另一個強大但令人遺憾的啟發式方法是去識別設計最差的軟體元件——那些所有工程師都討厭的大泥球，但由於伴隨的業務風險，公司不願意從頭開始重寫。這裡的關鍵是舊有系統不能用現成的系統替換——這會是一個通用子領域（generic subdomain）——而且對它做任何修改都會帶來業務風險。

通用子領域

要識別通用子領域，請尋找現成的解決方案、訂閱服務，或是開源軟體的整合。正如您在第 1 章中學習到的，競爭公司應該可以使用相同的現成解決方案，而且那些利用相同解決方案的公司應該不會對您的公司產生業務上的影響。

支持子領域

對於支持子領域（supporting subdomains），請尋找無法用現成的解決方案替代，但不能直接提供競爭優勢的剩餘軟體元件。如果程式碼處於粗略的狀態，它會較少觸發軟體工程師的情緒反應，因為它沒有經常性地更改，所以不理想軟體設計的影響並不像核心子領域那麼嚴重。

您不必識別出所有的核心子領域。即使對於一家中型公司來說，這樣做也不實際，甚至是不可能的。事實上，請確定整體的結構，不過更加密切關注您正從事的軟體系統中最有關的子領域。

探索目前的設計

一旦您熟悉了問題領域，您就可以繼續探究解決方案及其設計決策。首先，從高階（high-level）的元件開始，這些不一定是 DDD 意義中的限界上下文，而是用來把業務領域分解為子系統的邊界。

要尋找的特性是元件的解耦（decoupled）生命週期，即使子系統在相同原始碼控制的儲存庫（repository）（mono-repo）中進行管理，或如果所有元件都留在單一的整體程式碼庫中，請檢查哪些可以獨立於其他程式碼庫進行演化、測試和部署。

評估戰術設計

對於每個高階元件，請檢查它包含了哪些業務了領域，以及做出了哪些技術的設計決策：使用哪些模式來實作業務邏輯和定義元件的架構？

解決方案是否適合問題的複雜度？是否需要更精細的設計模式？相反的，是否有任何子領域可以走捷徑，或是使用既存的現成解決方案？使用這些資訊做出更明智的戰略和戰術決策。

評估戰略設計

使用高階元件的知識來繪製目前設計的上下文映射（context map），就好像這些高階元件是限界上下文一樣。根據限界上下文的整合模式來確定並追蹤元件之間的關係。

最後，分析產生的上下文映射，並從領域驅動設計的角度評估此架構。是否存在不理想的戰略設計決策？例如：

- 多個團隊在同一個高階元件上工作
- 核心子領域的重複實行
- 由外包公司實行核心子領域
- 由於經常失敗的整合而產生摩擦
- 從外部服務和舊有系統散播出來的棘手模型

這些洞察是規劃現代化戰略設計的好起點。但首先，考慮到要對問題（業務領域）和解決方案（目前設計）的空白處有更深入的了解，請尋找遺失的領域知識。正如我們在第 11 章中所討論的，業務領域的知識可能會因為各種原因遺失。這個問題在核心子領域中普遍而且十分嚴重，其業務邏輯既複雜又對業務而言至關重要。如果您遇到這類情況，請促成事件風暴（EventStorming）會議以嘗試復原知識。此外，使用事件風暴會議作為發展統一語言的基礎。

現代化的策略

「大重寫」（big rewrite）是工程師們努力地試圖從頭開始重寫系統，而且要在這次正確地設計並實作整個系統，但這很少成功，管理階層甚少支持這樣的架構改造。

改進現有系統設計一種更安全的方法是從大處著眼，但從小處著手。正如 Eric Evans 所言，並非所有大型系統都經過精心設計，這是我們必須接受的事實。因此，我們必須策略性地決定在現代化方面上要在哪裡投入精力，做出此決策的先決條件是擁有劃分系統子領域的邊界。邊界不必是實體（physical）的，而要使每個子領域成為一個發展完全的限界上下文。事實上，首先要確保至少邏輯邊界（命名空間（namespace）、模組（modules）和套件（packages），取決於技術堆疊（technology stack））與子領域的邊界一致，如圖 13-1 所示。

行銷的限界上下文	行銷的限界上下文
Marketing.Application	Marketing.AdvertisingMaterials
Marketing.Infrastructure	Marketing.Campaigns
Marketing.Model	Marketing.Optimization
Marketing.Mobile	Marketing.Publishing
Marketing.Services	
Marketing.UI	

圖 13-1　重新組織限界上下文的模組以反映業務子領域的邊界，而非技術性的實作模式

調整系統模組是一種相對安全的重構形式，您沒有修改業務邏輯，只是為了組織更完善的結構而重新定位型態（types）。儘管如此，確保完整型態名稱例如函式庫（library）的動態載入（dynamic loading）、反射（reflection）等的參考（references）不會中斷。

此外，追蹤子領域在不同程式碼庫中實作的業務邏輯；資料庫中的儲存程序、無伺服器函式（serverless functions）等。確保在這些平台裡也導入新的邊界，例如，如果某些邏輯是在資料庫的儲存程序中被處理的，那麼重新命名此程序以反映它們所屬的模組，不然就導入專用的資料庫模式並搬移此儲存程序。

戰略現代化

正如我們在第 10 章中討論的那樣，過早將系統分解為盡可能最小的限界上下文可能是有風險的。我們將在下一章更詳細地討論限界上下文和微服務（microservices）。現在，透過將邏輯邊界轉變為實體邊界來尋找最大價值的地方。透過將邏輯邊界轉換為實體邊界來提取限界上下文的過程如圖 13-2 所示。

詢問自己的問題：

- 多個團隊是否在同一個程式碼庫上工作？如果是這樣，藉由為每個團隊定義限界上下文來解耦開發生命週期。

- 不同元件是否使用了相互抵觸的模型？如果是這樣，請將抵觸的模型重新定位到單獨的限界上下文中。

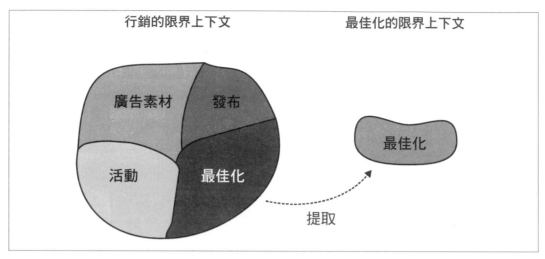

圖 13-2　透過將邏輯邊界轉換為實體邊界來提取限界上下文

當所需的最小限界上下文到位時，檢查它們之間的關係和整合模式。了解處理不同限界上下文的團隊如何溝通和協作，尤其是當他們透過臨時或類似共享核心（shared-kernel）的整合進行溝通時，團隊是否有共同的目標和足夠的協作水準？

注意上下文整合模式可以解決的問題：

客戶—供應商關係

正如我們在第 11 章中所討論的，組織的成長會使之前的溝通和協作模式失效。尋找為多個工程團隊的合作關係而設計，但這種合夥（*partnership*）關係不再持續下去的元件，重構為適當類型的客戶—供應商（customer-supplier）關係（追隨者（conformist）、防腐層（anticorruption layer）或開放主機服務（open-host service））。

防腐層

防腐層可用於保護限界上下文免受舊有系統的影響，尤其是當舊有系統使用低效率的模型時，這些模型往往會擴散到下游的元件當中。

實作防腐層的另一個常見使用案例，是保護限界上下文免受到它所使用上游服務公開 API 的頻繁更改影響。

開放主機服務

如果一個元件實作細節的更改經常波及到系統，而且影響到它的使用者，請考慮將其設為開放主機服務：把它的實作模型和揭露的公開 API 解耦。

各行其道

> 尤其是在大型組織中，您可能會在工程團隊之間遇到摩擦，因為必須協作和共同發展共享的功能。如果「不和之因（the apple of discord）」的功能不是業務關鍵──也就是說，它不是核心子領域──團隊可以各行其道（separate ways）並實行自己的解決方案，進而消除摩擦的根源。

戰術現代化

首先，從戰術的角度來看，尋找業務價值和實行戰略中最「痛苦」的不協調，例如核心子領域實作了不符合模型複雜度的模式──事務腳本（transaction script）或主動記錄（active record）。這些直接影響業務成功的系統元件必須經常更改，但由於設計不佳而難以維護和發展。

發展統一語言

設計成功現代化的先決條件是業務領域中的領域知識和有效的模型。正如我在本書中多次提到的那樣，領域驅動設計的統一語言對於獲取知識和建立有效解決方案的模型而言全關重要。

不要忘記領域驅動設計收集領域知識的捷徑：事件風暴（EventStorming）。使用事件風暴與領域專家一起建立統一語言並探索舊有的程式碼庫，尤其是當程式碼庫是沒有人真正理解的、無文件記錄的混亂時。召集與其功能相關的所有人並探索業務領域，事件風暴是復原領域知識的絕佳工具。

一旦您掌握了領域知識及其模型，就可以決定哪種業務邏輯的實作模式最適合所討論的業務功能。作為起點，使用第 10 章中描述的設計啟發式方法（heuristics）。您必須制定的下一個決策涉及現代化策略：逐步替換系統的全部元件（絞殺者模式（strangler pattern）），或逐步重構既有的解決方案。

絞殺者模式

絞殺榕（Strangler fig），如圖 13-3 所示，是具有獨特生長模式的熱帶樹木家族：絞殺植物生長在其他樹木──宿主樹上。絞殺植物的生命從一顆在宿主上層樹枝的種子開始，隨著絞殺植物的成長，它會向下移動，直到它紮根在土壤之中。最終，絞殺植物長出葉子來覆蓋宿主樹，導致宿主樹死亡。

圖 13-3　生長在宿主樹上的絞殺榕（來源：https://unsplash.com/photos/y_l5tep9wxI）

絞殺者遷移模式（strangler migration pattern）基於與該模式命名的樹相同的成長動態。這個想法是建立一個新的限界上下文——絞殺者——用它來實作新的需求，並逐漸將舊有上下文的功能遷移進去。同時，除了熱修補程式（hotfixes）和其他緊急情況之外，舊有限界上下文的演化和發展停止了。最終，所有功能都遷移到新的限界上下文——絞殺者——並依循這個類比，導致宿主——舊有程式碼庫的死亡。

通常，絞殺者模式與表面模式（façade pattern）一起使用：一個薄的抽象層（abstraction layer）作為公開介面（public interface），負責將請求（requests）轉送給舊有或現代化的限界上下文進行處理。當遷移完成時（也就是說，當宿主死亡時）表面被移除，因為不再需要它了（見圖 13-4）。

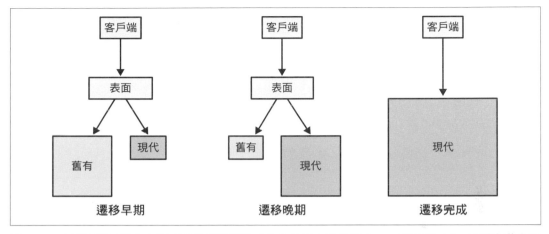

圖 13-4　表面層基於從舊有到現代化系統遷移功能的狀態來轉送請求，一旦遷移完成，表面和舊有系統都會被移除

每個限界上下文是一個單獨的子系統，所以不能和其他限界上下文共享其資料庫，和這個原則相反，在實作絞殺者模式時可以放寬這個規則。為了避免上下文之間的複雜整合，現代化和舊有上下文都可以使用相同的資料庫，這在許多情況下可能涉及分散式事務（distributed transactions）——兩個上下文必須使用相同的資料，如圖 13-5 所示。

扭曲每個限界上下文一個資料庫規則的條件是，最終，而且最好是盡快淘汰舊有上下文，並由新的實作獨占使用資料庫。

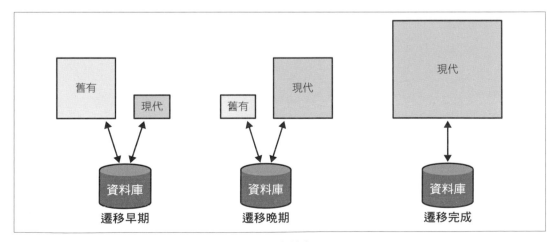

圖 13-5　舊有系統和現代化系統都暫時使用同一個資料庫

基於絞殺者遷移的替代方案是對舊有程式碼庫進行現代化改造，也稱為重構（*refactoring*）。

重構戰術設計決策

在第 11 章中，您學習了遷移戰術設計決策的各個面向。但是，在對舊有程式碼庫進行現代化改造時，需要注意兩個細微差別。

首先，小的漸進步驟比大的重寫更為安全。因此，不要將事務腳本或主動記錄直接重構為事件源領域模型（event-sourced domain model），而是採取設計基於狀態聚合（state-based aggregates）的中間步驟，努力尋找有效的聚合邊界，確保所有相關的業務邏輯都位於這些邊界內。從基於狀態到事件源的聚合，將會比在事件源聚合中發現錯誤的事務邊界更安全幾個數量級。

其次，遵循採取小的漸進步驟的相同理由，重構到領域模型不必是不可分割（atomic）的更改。事實上，您可以逐步導入領域模型模式的元素。

從尋找可能的值物件（value objects）開始。即使您沒有使用成熟的領域模型，不可變（immutable）物件也可以顯著降低解決方案的複雜度。

正如我們在第 11 章中所討論的，將主動記錄重構為聚合不必一步登天，它可以逐步進行，首先收集相關的業務邏輯，接著分析事務的邊界。是否存在需要高度一致，但在最終一致的資料上進行操作的決策？或者相反，解決方案是否在最終會滿足一致性的情況下，強制執行高度一致性？在分析程式碼庫時，不要忘記這些決策是由業務驅動的，而不是技術驅動的。只有在對事務的需求進行徹底分析之後，才能設計聚合的邊界。

最後，當您重構舊有系統時，必要時使用防腐層來保護新程式碼庫免受舊模型的影響，並藉由實作開放主機服務和揭露釋出語言（published language）來保護客戶免受舊有程式碼庫更改的影響。

務實的領域驅動設計

正如我們在本章的介紹中所討論的，應用領域驅動設計並不是一項全有或全無的努力，您不必應用 DDD 提供的所有工具。例如，出於某種原因，戰術模式可能不適合您，也許您更喜歡使用其他設計模式，因為它們在您的特定領域運作得更好，或者只是因為您發現其他模式更有效，這完全沒有問題！

只要您分析您的業務領域及其戰略、尋找有效的模型來解決特定問題，最重要的是，根據業務領域的需求制定出設計決策：這就是領域驅動設計！

值得重申的是，領域驅動設計與聚合或值物件無關。領域驅動設計是讓您的業務領域驅動軟體設計的決策。

推銷領域驅動設計

當我在科技會議上介紹這個主題時，幾乎每次都會有人問我一個問題：「聽起來很棒，但我如何向我的團隊和管理層『推銷』領域驅動設計？」這是一個極其重要的問題。

推銷很難，就我個人而言，我討厭推銷。儘管如此，如果您仔細想想，設計軟體就是推銷，我們正在向團隊、管理層或客戶推銷我們的想法。然而，一種涵蓋如此廣泛的設計決策面向，甚至延伸到工程領域之外以涉及其他利害關係人的方法，可能非常難以推銷。

管理層的支持對於在組織中進行任何重大變革都是必要的。然而，除非高層管理人員已經熟悉領域驅動設計，或願意花時間學習該方法的商業價值，否則這在他們心中並不是最重要的，尤其是因為 DDD 在工程流程中看似需要巨大的轉變，但幸運的是，這並不代表您不能使用領域驅動設計。

私下進行的領域驅動設計

讓領域驅動設計成為您專業工具箱的一部分，而不是組織的戰略。DDD 的模式和實踐是工程技術，既然軟體工程是您的工作，那就使用它們吧！

讓我們來看看如何將 DDD 融入到您的日常工作中，而不用大費周章。

統一語言

使用統一語言是領域驅動設計的實踐基石，它對於領域知識的發現、交流和有效解決方案的建模是必要的。

幸運的是，這個實踐是如此平凡，以至於它是模稜兩可的常理。仔細聆聽利害關係人在談論業務領域時使用的語言，小心地將術語從技術行話轉向業務的含義。

尋找不一致的術語並要求澄清。例如，如果同個事物有多個名稱，請查找原因。這些不同的模型是否在同一個解決方案中纏繞在一起？尋找上下文並使它明確，如果含義相同，請依循常理並要求使用單一個術語。

此外,盡可能地和領域專家交流,這些努力不一定需要正式的會議,飲水機旁和咖啡休息時間都是促進交流的機會。和領域專家討論業務領域時,試著使用他們的語言,尋找理解上的困難並要求澄清,不用擔心——領域專家通常很樂意和真正有興趣了解問題領域的工程師合作!

最重要的是,在您的程式碼和所有與專案相關的溝通中使用統一語言。耐心點,要改變已經在組織中使用一段時間的術語需要時間,但最終它會流行起來的。

限界上下文

在探索可能的分解選項時,請解決限界上下文模式所基於的原則:

- 為什麼設計問題導向的模型,比為所有使用案例設計單一模型更好?因為「多功能合一(all-in-one)」的解決方案很少對任何事情都有效。

- 為什麼限界上下文不能乘載分歧的模型?因為增加的認知負荷(cognitive load)和解決方案的複雜度。

- 為什麼多個團隊在同一個程式碼庫上工作是個壞主意?因為摩擦而且阻礙了團隊之間的協作。

為限界上下文整合模式使用相同的理由:確保您了解每個模式應該解決的問題。

戰術設計決策

在討論戰術設計模式時,不要訴諸於權威:「讓我們在這裡使用聚合,因為 DDD 的書是這麼說的!」而是訴諸於邏輯。例如:

- 為什麼明確的事務邊界很重要?保護資料的一致性。

- 為什麼一個資料庫事務不能修改多個聚合的實例(instance)?確保一致性的邊界是正確的。

- 為什麼不能由外部元件直接修改聚合的狀態?確保所有相關的業務邏輯都在同一個地方,而且沒有重複。

- 為什麼我們不能將聚合的一些功能卸載到儲存程序中?確保沒有重複的邏輯。重複的邏輯,尤其是在邏輯上和實體上(physically)相距遙遠的系統元件,往往會失去同步並導致資料的損壞。

- 為什麼我們要努力於小的聚合邊界？因為寬的事務範圍會增加聚合的複雜度，並對效能產生負面的影響。

- 為什麼我們不能直接將事件寫入日誌文件（logfile）中，而是用事件源？因為沒有長期的資料一致性保證。

說到事件源，當解決方案需要事件源領域模型時，這種模式的實作可能很難推銷。讓我們來看一個能有助於解決這個問題的絕地武士（Jedi）思維技巧。

事件源領域模型

儘管有許多優點，但對於許多人來說，事件源聽起來過於激進。與我們在本書中討論的所有內容一樣，解決方案是讓業務領域來驅動這個決策。

與領域專家交談，向他們展示基於狀態和基於事件的模型。解釋事件源提供的差異和優勢，尤其是在時間維度方面。他們通常會為它提供的洞察層次而欣喜若狂，而且將會自己提倡事件源。

在與領域專家互動時，不要忘記使用統一語言！

總結

在本章中，您學習了在真實生活情境中利用領域驅動設計工具的各種技術：當從事於棕地專案和舊有程式碼庫時，不一定要有一個 DDD 的專家團隊。

與新建專案一樣，總是從分析業務領域開始。公司的目標和達成這些目標的戰略是什麼？使用組織結構和現有的軟體設計決策來識別組織的子領域及其類型。有了這些知識，就可以規劃現代化的戰略，尋找痛點，尋求獲得最大的業務價值。通過重構或替換相關元件來現代化舊有程式碼，不管怎樣，循序漸進地做，大改寫帶來的風險大於商業價值！

最後，即使 DDD 在您的組織中沒有被廣泛地採用，您也可以使用領域驅動設計的工具。使用正確的工具，並在和同事討論它們時，總是使用每種模式背後的邏輯和原則。

本章結束了我們對領域驅動設計的討論。在第四部分中，您將學習 DDD 與其他方法和模式的相互作用。

練習

1. 假設您想將領域驅動的設計工具和實踐導入棕地專案，您的第一步是什麼？

    A. 將所有業務邏輯重構為事件源領域模型。

    B. 分析組織的業務領域及其戰略。

    C. 透過確保它們遵循適當限界上下文的原則來改進系統的元件。

    D. 在棕地專案中使用領域驅動設計是不可能的。

2. 在遷移的過程中，絞殺者模式在哪些方面與領域驅動設計的一些核心原則相抵觸？

    A. 多個限界上下文正在使用共享資料庫。

    B. 如果現代化的限界上下文是一個核心子領域，它的實行會在舊的和新的實行中重複。

    C. 多個團隊正在處理相同的限界上下文。

    D. A 和 B。

3. 為什麼將基於主動記錄的業務邏輯直接重構為事件源領域模型通常不是一個好主意？

    A. 基於狀態的模型可以更容易地在學習過程中重構聚合的邊界。

    B. 逐漸引入大的更改較安全。

    C. A 和 B。

    D. 以上皆非，甚至將事務腳本直接重構為事件源領域模型也是合理的。

4. 當您導入聚合模式時，您的團隊會問為什麼聚合不能直接參考所有可能的實體（entities），並因此有可能從一個地方遍歷（traverse）整個業務領域。您要如何回答他們？

與其他方法及模式的關係

到目前為止，您已經在本書中學習到如何使用領域驅動設計（domain-driven design）來根據組織的業務戰略和需求設計軟體解決方案。我們看到了如何應用 DDD 工具和實踐來理解業務領域、設計系統元件的邊界，以及實行業務邏輯。

領域驅動設計涵蓋了很多軟體開發生命週期，但它不能涵蓋所有的軟體工程，其他方法和工具也有它們的角色。在第四部分，我們將討論與其他方法和模式相關的 DDD：

- 由於基於微服務（microservices）架構風格的流行，領域驅動設計獲得了大部分的吸引力，這已經不是什麼秘密了。在第 14 章中，我們將探討微服務和領域驅動設計之間的相互作用，以及這兩種方法如何互補。

- 事件驅動（event-driven）架構是一個受歡迎的方法，它架構可擴展、高效能和彈性的分散式（distributed）系統的方法。在第 15 章中，您將學習事件驅動架構的原理，以及如何利用 DDD 設計有效的非同步溝通。

- 第 16 章以資料分析背景下的有效建模作為本書的結尾。您將學習主流的資料管理架構、資料倉儲（data warehouses）和資料湖（data lakes），以及資料網格（data mesh）架構如何解決它們的缺點。我們還將分析並討論 DDD 和資料網格架構是如何基於相同的設計原則和目標。

第十四章

微服務

在 2010 年代中期，微服務（microservices）席捲了軟體工程行業，其目的是解決現代系統對快速變化、擴展，和自然適應雲端運算（cloud computing）分散式（distributed）本質的需求。許多公司做出了分解其整體程式碼庫（codebase）的戰略決策，以支持基於微服務架構提供的彈性。不幸的是，許多這樣的努力都沒有好結果。這些公司最終得到的不是彈性的架構，而是分散式的大泥球（big balls of mud）——這些設計比公司想要分解的整體（monoliths）更脆弱、更笨重、更昂貴。

從歷史上看，微服務通常和 DDD 有所關聯，尤其是和限界上下文（bounded context）模式相關聯。許多人甚至互換限界上下文和微服務這兩個術語的使用，但它們真的是同一件事嗎？本章探討領域驅動設計方法和微服務架構模式之間的關係。您將學習模式之間的相互作用，更重要的是，您將學習如何利用 DDD 設計基於微服務的有效系統。

讓我們從基礎開始，定義什麼是服務和微服務。

什麼是服務？

根據 OASIS，服務是一種能夠取用一個或多個功能的機制，其中取用是使用規定的介面所提供的。[1] 規定的介面是用來把資料輸入服務或從服務輸出的任何機制。它可以是同步的，例如請求 / 回應（request/response）模型，也可以是非同步的，例如生產（producing）和消費（consuming）事件的模型。

1　Reference model for service-oriented architecture v1.0。（出版年份不詳）。擷取自 2021 年 6 月 14 日，來自 OASIS（*https://oreil.ly/IXhpG*）。

這是服務的公開介面（public interface），如圖 14-1 所示，它提供了一種與其他系統元件進行溝通和整合的方法。

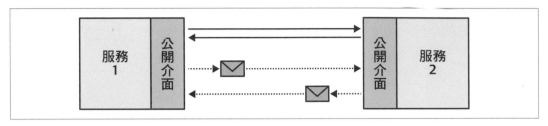

圖 14-1　服務之間的溝通

Randy Shoup（*https://oreil.ly/IU6xJ*）認為服務的介面就像是前門，所有進出服務的資料都必須通過前門。此外，服務的公開介面定義了服務本身：服務所揭露的功能。表達良好的介面足以描述服務所實作的功能，例如，圖 14-2 所示的公開介面明確描述了服務的功能。

圖 14-2　服務的公開介面

這將我們帶到微服務的定義。

什麼是微服務？

微服務的定義意外地簡單。由於服務是由其公開介面所定義的，因此微服務是具有微公開介面的服務：微前門（micro-front door）。

擁有微公開介面可以更容易地理解單一服務的功能，以及它和其他系統元件的整合。減少服務的功能也限制了它更改的原因，並使服務在開發、管理和擴展方面更有自主權。

此外，這還說明了微服務不揭露其資料庫的做法。揭露資料庫使它成為服務前門的一部分，將會使它的公開介面變得巨大。例如，您可以在關聯式資料庫（relational database）上執行多少個不同的 SQL 查詢？由於 SQL 是一個相當彈性的語言，所以可能的估計是無窮人的。因此，微服務封裝了它們的資料庫，只能透過更精巧、整合導向的公開介面存取資料。

方法即服務：完美的微服務？

微服務是微公開介面，這個說法看似簡單，聽起來好像把服務介面限制為單一方法（method）就會帶來完美的微服務。讓我們來看看如果我們在實踐中採用這種天真的分解會發生什麼事。

想想看圖 14-3 中待辦工作管理的服務，它的公開介面由八個公開方法所組成，我們要應用「每個服務一個方法」的規則。

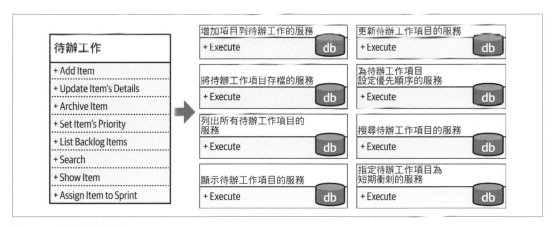

圖 14-3　天真的分解

由於這些都是表現良好的微服務，每個都封裝了它的資料庫，沒有服務被允許直接存取另一個服務的資料庫；只能透過它的公開介面，但目前還沒有為資料庫公開的介面，這些服務必須共同運作並同步每個服務正採用的更改。因此，我們需要擴展服務的介面來解決這些和整合相關的問題。此外，當視覺化時，產生服務之間的整合和資料流類似於典型的分散式大泥球，如圖 14-4 所示。

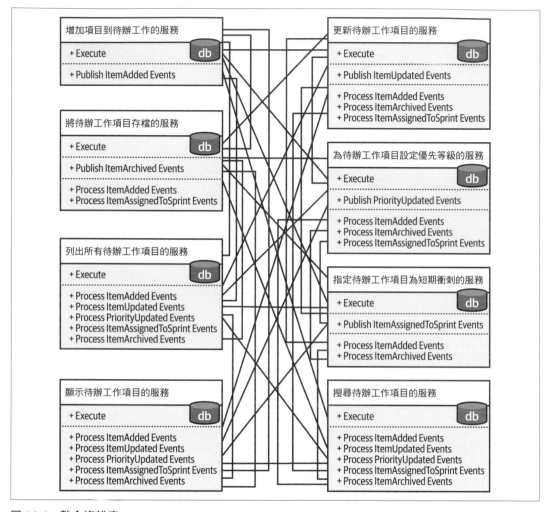

圖 14-4　整合複雜度

套用 Randy Shoup 的比喻，透過將系統分解為如此細粒度（fine-grained）的服務，我們無疑是最小化服務的前門。然而，為了實作整體系統的功能，我們必須為每項服務新增龐大的「僅限員工」入口。讓我們來看看我們可以從這個例子中學到什麼。

設計目標

遵循讓每個服務只揭露一個方法，這個簡單的分解啟發式方法（heuristic）被證明是不理想的，原因有很多。第一，這根本不可能，由於服務必須共同運作，我們被迫使用與整合相關的公開方法來擴展它們的公開介面。第二，我們贏得了戰鬥但輸掉了戰爭。每個服務最終都比原始設計簡單得多，但最終的系統卻變得複雜了幾個數量級。

微服務架構的目標是產生一個彈性的系統，將設計的精力集中在單一元件上，而忽略它和系統其餘部分的互動，這違背了系統的定義：

- 一組互相連接的事物或設備　起運行
- 為特定目的一起使用的一組電腦設備和程序

因此，一個系統不能由獨立的元件構成。在一個恰當的基於微服務的系統中，無論如何解耦（decoupled），服務仍然必須整合並相互溝通。讓我們來看看單一微服務的複雜度和整體系統複雜度之間的相互作用。

系統複雜度

40 年前，沒有雲端運算（cloud computing），沒有全球規模的需求，也沒有必要每 11.7 秒部署一個系統，但是工程師仍然必須控制系統的複雜度。儘管當時的工具不同，但挑戰——更重要的是，解決方案——如今是相關的，並且可以應用到基於微服務的系統設計。

Glenford J. Myers 在他的《*Composite/Structured Design*》一書中討論如何建構程序性程式碼以降低其複雜度。在這本書的第一頁，他寫道：

> 複雜度的主題比僅僅試圖最小化程式中每個部分的局部（*local*）複雜度要多得多。更重要的複雜度類型是全域（*global*）複雜度：程式或系統整體結構的複雜度（即程式主要部分之間的關聯或互相依賴的程度）。

在我們的上下文（context）中，局部複雜度是每個個別微服務的複雜度，而全域複雜度是整個系統的複雜度。局部複雜度取決於服務的實作；全域複雜度由服務之間的互動和依賴關係來定義。在設計基於微服務的系統時，最佳化哪個複雜度更重要？讓我們分析兩個極端。

將全域複雜度降至最低是非常容易的，我們所要做的就是消除系統元件之間的任何互動——也就是說，在一個整體服務中實作所有功能。正如我們之前看到的，這種策略可能在某些情況下有效。在其他情況下，它可能會導致可怕的大泥球：可能是局部複雜度的最高等級。

另一方面，我們知道當我們只最佳化局部複雜度，而忽略系統的全域複雜度時會發生什麼——更可怕的分散式大泥球。這種關係如圖 14-5 所示。

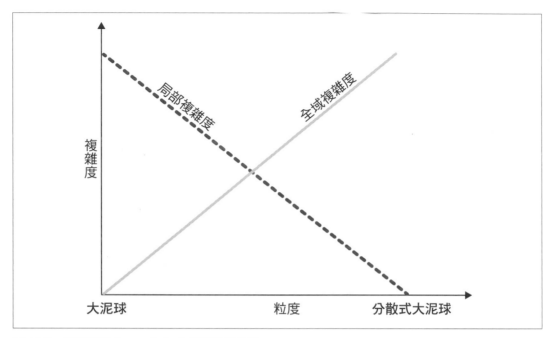

圖 14-5　服務粒度（granularity）和系統複雜度

為了設計一個恰當的基於微服務的系統，我們必須最佳化全域和局部的複雜度。設定單獨最佳化任何一個的設計目標是局部最佳（local optima），全域最佳（global optima）平衡了這兩種複雜度。讓我們來看看微公開介面的概念如何有助於平衡全域和局部的複雜度。

微服務作為深服務

軟體系統或任何系統中的模組是由其功能和邏輯定義的。功能是模組應該做的事情——它的業務功能。邏輯是模組的業務邏輯——模組如何實行其業務功能。

John Ousterhout 在《*The Philosophy of Software Design*》一書中討論了模組化的概念，並提出了一種簡單卻強大的視覺啟發式方法來評估模組的設計：深度（depth）。

Ousterhout 建議將模組視覺化為一個矩形，如圖 14-6 所示。矩形的頂部邊緣代表模組的功能，或者其公開介面的複雜度。較寬的矩形代表較廣泛的功能，而較窄的矩形具有較受限制的功能，因此具有較簡單的公開介面。矩形的區域代表模組的邏輯，或其功能的實作。

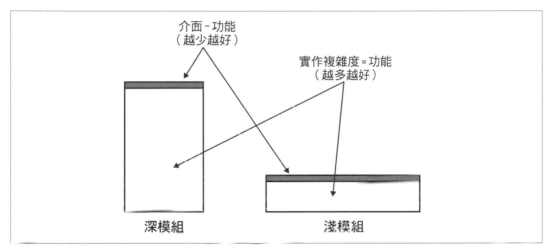

圖 14-6　深模組

根據這個模型，有效的模組很深：一個簡單的公開介面封裝了複雜的邏輯。無效的模組是淺的：淺模組的公開介面比深模組封裝的複雜度要低得多。想想看以下列的方法：

```
int AddTwoNumbers(int a, int b)
{
  return a + b;
}
```

這是淺模組的極端情況：公開介面（方法的簽章（signature））和它的邏輯（方法）完全相同。擁有這樣的模組會引入無關的「移動部分」，因此，它不是封裝複雜度，而是給整體系統增加了意外的複雜度。

微服務作為深模組

除了術語不同之外，深模組的概念與微服務模式的不同之處，在於模組可以表示邏輯和實體（physical）邊界，而微服務是嚴格的實體邊界。否則，這兩個概念及其根本設計原則都是相同的。

實作單一業務方法的服務,如圖 14-3 所示,是淺模組。因為我們必須導入和整合相關的公開方法,所以產生的介面比它們該是的「更寬」。

從系統複雜度的角度來看,深模組降低了系統的全域複雜度,而淺模組透過導入不封裝其局部複雜度的元件來增加全域複雜度。

淺服務也是為何有這麼多微服務導向專案失敗的原因。將微服務錯誤地定義為具有不超過 X 行程式碼的服務,或者是作為應該更容易重寫而非修改的服務,專注於單一服務,而忽略了架構中最重要的面向:系統。

可以將系統分解為微服務的門檻,由微服務所屬的系統使用案例定義。如果我們將整體分解為服務,那麼引入更改的成本就會下降。當系統被分解為微服務時,成本會被最小化。但是,如果繼續分解超過微服務的門檻,深服務將會變得越來越淺,它們的介面將重新增長,這次由於整合的需求,引入更改的成本也會上升,整個系統的架構將變成可怕的分散式大泥球。如圖 14-7 所示。

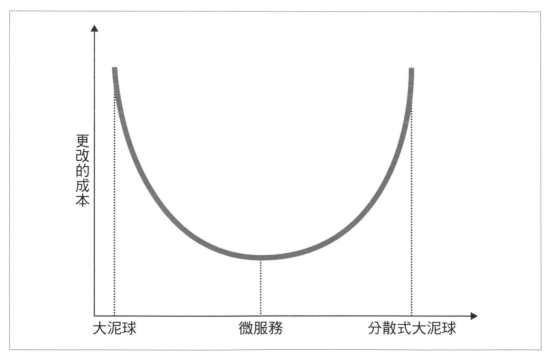

圖 14-7　粒度和更改的成本

現在我們已經學習了什麼是微服務，讓我們來看看領域驅動設計如何幫助我們找到深服務的邊界。

領域驅動設計和微服務的邊界

和微服務一樣，前幾章討論的許多領域驅動設計模式都是關於邊界的：限界上下文是模型的邊界，子領域（subdomain）是業務能力的邊界，而聚合（aggregate）和值物件（value objects）是事務的（transactional）邊界。讓我們來看看哪些邊界適用於微服務的概念。

限界上下文

微服務和限界上下文模式有很多共同點，以至於這些模式經常可以互換使用。讓我們來看看是否真的如此：限界上下文的邊界是含和有效微服務的邊界有關？

微服務和限界上下文都是實體（physical）邊界。微服務和限界上下文一樣，是由一個團隊所擁有。如同在限界上下文中一樣，分歧的模型無法在微服務中實作，進而導致複雜的介面。微服務確實是限界上下文，但這種關係反過來的話是否起作用？我們可以說限界上下文是微服務嗎？

正如您在第 3 章中所學習的，限界上下文保護了統一語言和模型的一致性。沒有分歧的模型可以在相同的限界上下文中實作。假設您正在開發廣告管理系統，在系統的業務領域中，潛在客戶的業務實體（entity）由「行銷」和「銷售」上下文中的不同模型所表示。因此，「行銷」和「銷售」是限界上下文，每個都有定義一個，而且是僅有一個「活動」實體的模型，該模型在其邊界內有效，如圖 14-8 所示。

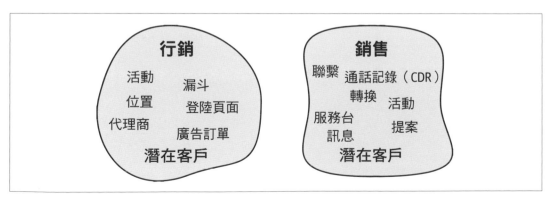

圖 14-8　限界上下文

為了簡單起見，我們假設系統中除了「潛在客戶」之外沒有其他分歧模型。這使得產生的限界上下文自然是寬的——每個限界上下文可以包含多個子領域，子領域可以從一個限界上下文移動到另一個。只要子領域不包含分歧的模型，圖 14-9 中的所有替代分解都是完全有效的限界上下文。

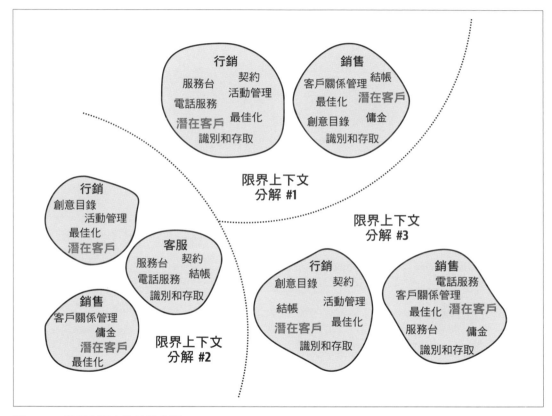

圖 14-9　限界上下文的替代分解

對限界上下文的不同分解歸因於不同的需求，例如不同團隊的規模和結構、生命週期的依賴關係等。但是我們可以說這個例子中所有有效的限界上下文都必然是微服務嗎？不，特別是考慮到分解 1 中兩個限界上下文相對廣泛的功能。

因此，微服務和限界上下文之間的關係不是對稱的。儘管微服務是限界上下文，但並非每個限界上下文都是微服務。另一方面，限界上下文表示最大的有效整體邊界，這樣的整體不該和大泥球互相混淆，這是一個可行的設計選項，可以保護其統一語言或其業務領域模型的一致性。正如我們將在第 15 章中討論的那樣，在某些情況下，這種寬廣的邊界比微服務更有效。

圖 14-10 直觀地展示了限界上下文和微服務之間的關係。限界上下文和微服務之間的區域是安全的，這些是有效的設計選項。但是，如果系統沒有分解成適當的限界上下文，或是分解超過微服務的門檻，則會分別導致大泥球或分散式大泥球。

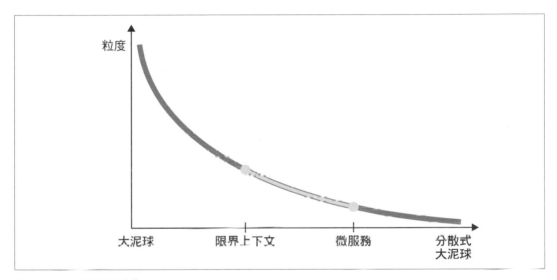

圖 14-10　粒度和模組化

接下來，讓我們來看看另一個極端：聚合是否能幫助我們找到微服務的邊界。

聚合

雖然限界上下文對最寬的有效邊界施加了限制，但聚合模式卻相反，聚合的邊界是可能的最窄邊界。將聚合分解為多個實體（physical）服務或限界上下文不僅不是最理想的，而且正如您將在附錄 A 中學習到的那樣，至少可以說是會導致不良後果。

和限界上下文一樣，聚合的邊界也經常被認為是驅動微服務的邊界。聚合是一個不可分割的業務功能單元，它封裝了其內部業務規則、固定規則（invariants）和邏輯的複雜度。儘管如此，正如您在本章前面所了解的，微服務與單一服務無關，必須在與系統其他元件互動的上下文中考慮單一服務：

有問題的聚合是否和其子領域中的其他聚合溝通？

- 它是否與其他聚合共享值物件？

- 聚合業務邏輯的更改影響到子領域其他元件的可能性有多大？反之亦然嗎？

聚合與其子領域的其他業務實體的關係越強，它作為個別的服務就越淺。

在某些情況下，將聚合作為服務將產生模組化設計。然而，更多時候這種細粒度的服務會增加整體系統的全域複雜度。

子領域

設計微服務一個較平衡的啟發式方法是使服務與業務子領域的邊界一致。正如您在第 1 章中學習到的，子領域與細粒度的業務能力相關聯。這些是公司在其業務領域競爭所需的業務建構區塊。從業務領域的角度來看，子領域描述了能力——業務做什麼——而不說明能力是如何實行的。從技術的角度來看，子領域代表了一組連貫的使用案例：使用相同的業務領域模型、處理相同或密切相關的資料，並且具有強的功能性關係。如圖 14-11 所示，其中一個使用案例的業務需求更改可能會影響到其他使用案例。

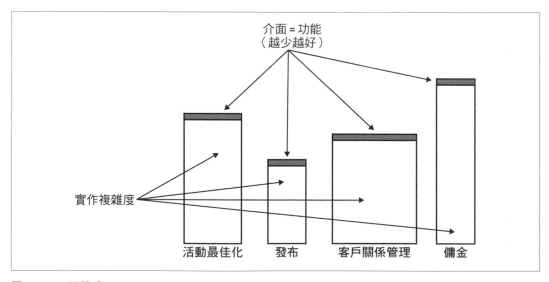

圖 14-11　子領域

子領域的粒度和對功能的專注——「什麼（what）」而非「如何（how）」——使子領域自然成為深模組。子領域的描述——函式（function）——封裝了更複雜的實作細節——邏輯。子領域中包含使用案例的連貫性本質也確保了產生模組的深度。在許多情況下切分它們會導致較複雜的公開介面和較淺的模組，所有這些都使子領域成為設計微服務的安全邊界。

將微服務與子領域對齊是一種安全的啟發式方法，可為大多數微服務提供最佳的解決方案。儘管如此，在某些情況下，其他邊界會更有效；例如，停留在限界上下文的較廣語言邊界中，或是由於非功能性的需求，利用聚合作為微服務。解決方案不僅取決於業務領域，還取決於組織結構、業務戰略，以及非功能性需求。正如我們在第 11 章中所討論的，不斷調整軟體架構和設計以適應環境的變化是至關重要的。

壓縮微服務的公開介面

除了找到服務的邊界之外，領域驅動設計還能有助於加深服務。本節展示了開放主機服務（open-host service）和防腐層（anticorruption layer）模式如何簡化微服務的公開介面。

開放主機服務

開放主機服務解耦（decouples）了業務領域的限界上下文模型，和用來與系統其他元件整合的模型，如圖 14-12 所示。

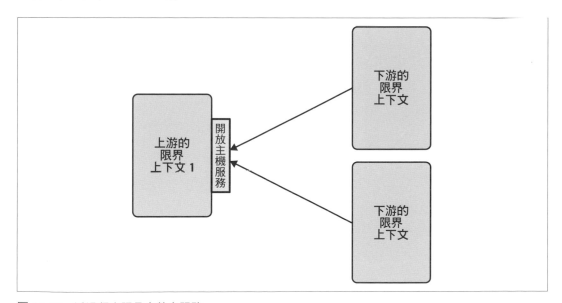

圖 14-12　透過釋出語言來整合服務

導入整合導向的模型，即釋出語言（published language），降低了系統的全域複雜度。首先，它讓我們在不影響其客戶的情況下發展服務的實作：新的實作模型可以轉譯至現有的釋出語言。其次，釋出語言揭露了一個更加限制的模型，它是圍繞整合的需求而設計的，它封裝了與服務消費者無關的實作複雜度，例如，它可以揭露給消費者更少的資料和更方便的模型。

在相同的實作（邏輯）上擁有一個更簡單的公開介面（函式）使服務「更深」，並且有助於更有效的微服務設計。

防腐層

防腐層（ACL）模式則相反，它降低了將服務與其他限界上下文整合的複雜度。傳統上，防腐層歸屬於它所保護的限界上下文。然而，正如我們在第 9 章中所討論的，這個概念可以更進一步，並作為一個獨立的服務來實作。

圖 14-13 中的防腐層服務降低了消費限界上下文的局部複雜度和系統的全域複雜度。消費限界上下文的業務複雜度與整合的複雜度是分開的，後者被卸載到防腐層服務。因為為消費限界上下文使用更方便、整合導向的模型，所以它的公開介面是壓縮的——它不反映由生產服務揭露的整合複雜度。

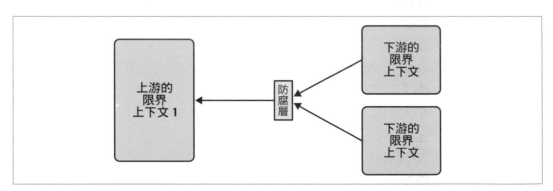

圖 14-13　防腐層作為獨立的服務

總結

從歷史上看，基於微服務的架構風格與領域驅動設計緊密相連，以至於微服務和限界上下文這兩個術語經常互換使用。在本章中，我們分析了兩者之間的關聯，發現它們並不相同。

所有微服務都是限界上下文，但並非所有限界上下文都是微服務。本質上，微服務定義了服務的最小有效邊界，而限界上下文保護了所包含模型的一致性並代表了最寬的有效邊界。把邊界定義為比其限界上下文更寬會導致大泥球，而小於微服務的邊界將導致分散式大泥球。

然而，微服務和領域驅動設計之間的關聯是緊密的，我們看到了如何使用領域驅動設計的工具來設計有效的微服務邊界。

在第 15 章中，我們將繼續從不同的角度討論高階（high-level）的系統架構：透過事件驅動（event-driven）架構進行非同步整合。您將學習如何利用不同類型的事件訊息來進一步最佳化微服務的邊界。

練習

1. 限界上下文和微服務是什麼關係？

   A. 所有微服務都是限界上下文。

   B. 所有限界上下文都是微服務。

   C. 微服務和限界上下文是同一概念的不同術語。

   D. 微服務和限界上下文是完全不同的概念，無法進行比較。

2. 微服務的哪一部分應該是「微」的？

   A. 為實作微服務的團隊提供所需的披薩數量，該指標必須考慮到團隊成員的不同飲食偏好，和每日平均的卡路里攝取量。

   B. 實作服務功能所需的程式碼行數，由於該指標與行的寬度無關，因此最好在超寬的顯示器上實作微服務。

   C. 設計基於微服務的系統時，最重要的方面是獲得對微服務友好的中介軟體（middleware）和其他基礎設施元件，最好是從微服務認證的供應商那裡獲得。

   D. 業務領域的知識及其複雜度揭露於服務的整個邊界，並透過其公開介面反映出來。

3. 什麼是安全的元件邊界？

   A. 邊界比限界上下文更寬。

   B. 邊界比微服務更窄。

   C. 限界上下文（最寬）和微服務（最窄）之間的邊界。

   D. 所有邊界都是安全的。

4. 使微服務與聚合的邊界一致是一個好的設計決策嗎?

    A. 是,聚合總是會產生適當的微服務。

    B. 否,聚合永遠不應該被揭露為個別的微服務。

    C. 用單一聚合來做微服務是不可能的。

    D. 該決策取決於業務領域。

第十五章

事件驅動架構

和微服務一樣,事件驅動架構(event-driven architecture,EDA)在現代分散式(distributed)系統中無所不在。許多人建議在設計鬆散耦合(coupled)、可擴展、容錯的分散式系統時,使用事件驅動満通作為預設的整合機制。

事件驅動架構經常被連結到領域驅動設計(domain-driven design)。畢竟,EDA 是基於事件的,而事件在 DDD 中是重要的 —— 我們有領域事件(domain events),在需要的時候,我們甚至使用事件作為系統的事實來源。利用 DDD 的事件作為使用事件驅動架構的基礎可能很吸引人,但這是個好主意嗎?

事件不是一種秘方,讓您能把它倒在舊有系統(legacy system)上並把它轉變為鬆散耦合的分散式系統。恰好相反:馬虎的 EDA 應用會把一個模組化的整體(monolith)變成一個分散式的大泥球(big ball of mud)。

在本章中,我們將探討 EDA 和 DDD 之間的相互作用,您將學習到事件驅動架構的基本建構區塊、EDA 專案失敗的常見原因,以及如何利用 DDD 的工具來設計有效的非同步整合系統。

事件驅動架構

簡單地說,事件驅動架構是一種架構風格,其中系統的元件透過交換事件訊息來非同步地相互溝通(見圖 15-1)。元件不是同步呼叫(calling)服務的端點(endpoints),而是發布事件來通知系統領域的更改給其他系統元件,元件可以訂閱系統中引發的事件並做出相對應的反應。事件驅動執行流(execution flow)的一個典型例子是第 9 章中描述的 saga 模式。

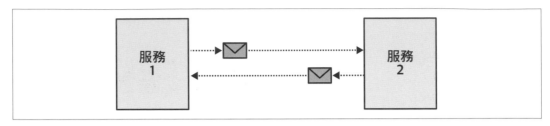

圖 15-1　非同步溝通

強調事件驅動架構和事件源（event sourcing）之間的區別很重要。正如我們在第 7 章中所討論到的，事件源是一種將狀態的變化捕捉為一系列事件的方法。

儘管事件驅動架構和事件源都是基於事件的，但這兩種模式在概念上是不同的。EDA 是指服務之間的溝通，而事件源發生在服務的內部。為事件源設計的事件表示在服務中實作的狀態轉換（事件源領域模型（event-sourced domain model）中聚合（aggregates）的狀態轉換）。它們的目的在於捕捉業務領域的複雜度，而不是將服務與其他系統元件整合。

正如您將在本章後面看到的那樣，共有三種類型的事件，其中一些比其他更適合整合。

事件

在 EDA 系統中，事件交換是整合元件並使它們成為系統的關鍵溝通機制。讓我們更詳細地看一下事件，看看它們和訊息有何不同。

事件、命令、訊息

到目前為止，事件的定義和訊息模式的定義類似[1]，但兩者是不同的，事件是訊息，但訊息不一定是事件。有兩種類型的訊息：

事件

　　一則訊息，它描述了一個已經發生的更改

命令

　　一則訊息，它描述了一個必須執行的操作

1　Hohpe, G., & Woolf, B. (2003). *Enterprise Integration Patterns: Designing, Building, and Deploying Messaging Solutions*. Boston: Addison-Wesley.

事件是已經發生的事，而命令（commands）是做某件事的指令。事件和命令都可以作為訊息非同步地溝通。但是，可以拒絕命令：命令的對象可以拒絕執行命令，例如，如果該命令無效或違反系統的業務規則。另一方面，事件的接收者不能取消該事件。事件描述了已經發生的事情。要推翻一個事件唯一能做的就是發出一個補償動作——命令，就像在 saga 模式中執行的那樣。

由於事件描述了已經發生的事，事件的名稱應該用過去式來表示：例如，DeliveryScheduled、ShipmentCompleted，或 DeliveryConfirmed。

結構

事件是一個可以使用所選訊息傳遞平台進行序列化（serialized）和傳輸的資料記錄。典型的事件綱要（schema）包括事件的詮釋資料（metadata）及其有效負載（payload）——事件傳達的訊息：

```
{
    "type": "delivery-confirmed",
    "event-id": "14101928-4d79-4da6-9486-dbc4837bc612",
    "correlation-id": "08011958-6066-4815-8dbe-dee6d9e5ebac",
    "delivery-id": "05011927-a328-4860-a106-737b2929db4e",
    "timestamp": 1615718833,
    "payload": {
        "confirmed-by": "17bc9223-bdd6-4382-954d-f1410fd286bd",
        "delivery-time": 1615701406
    }
}
```

事件的有效負載不僅描述了事件傳遞的資訊，還定義了事件的類型。讓我們詳細討論這三種類型的事件以及它們之間的區別。

事件類型

事件可以分為以下三種類型之一 [2]：事件通知（event notification）、事件攜帶狀態轉移（event-carried state transfer），或是領域事件。

2　Fowler, M.（出版年份不詳）。What do you mean by "Event-Driven"? 擷取自 2021 年 8 月 12 日，源自 Martin Fowler（部落格）（*https://oreil.ly/aSK5l*）。

事件通知

事件通知是關於其他元件將反應的業務領域更改訊息。例子包括 PaycheckGenerated 和 CampaignPublished 等。

事件通知不該是冗長的：目標是通知該事件給感興趣的各方，但通知不該包含訂閱者對事件做出反應所需的所有資訊。例如：

```
{
    "type": "paycheck-generated",
    "event-id": "537ec7c2-d1a1-2005-8654-96aee1116b72",
    "delivery-id": "05011927-a328-4860-a106-737b2929db4e",
    "timestamp": 1615726445,
    "payload": {
        "employee-id": "456123",
        "link": "/paychecks/456123/2021/01"
    }
}
```

在前面的程式碼中，事件通知外部元件產生的工資，它不攜帶與工資相關的所有資訊。相反的，接收者可以使用該連結來獲取更詳細的資訊。該通知的流程如圖 15-2 所示。

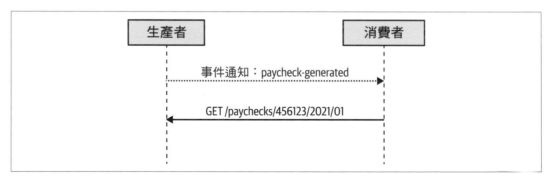

圖 15-2 事件通知流程

就某種意義上說，透過事件通知訊息進行整合類似於美國的無線緊急警報（Wireless Emergency Alert，WEA）系統和歐洲的 EU-Alert（見圖 15-3）。這些系統使用行動通信基地台（cell towers）來廣播短訊息，通知市民有關公共衛生問題、安全威脅和其他緊急情況。系統僅限於發送最大長度為 360 個字元的訊息，這則短訊息足以通知您緊急情況，但您必須主動使用其他資訊來源以獲取更多詳細資訊。

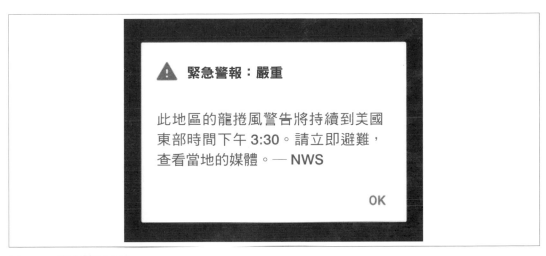

圖 15-3　緊急警報系統

在多種情境下，簡潔的事件通知可能更為合宜。讓我們仔細看看這兩個：安全性和並行性（concurrency）。

安全性。 強制接收者明確地查詢詳細資訊，能避免在訊息傳遞的基礎設施上共享敏感資訊，而且需要訂閱者的額外授權才能存取資料。

並行性。 由於事件驅動整合的非同步特性，訊息在到達訂閱者時可能已經過時了，如果資訊的本質敏感於競賽條件（race conditions），則明確地查詢它可以獲取最新的狀態。

此外，在並行消費者的情況下，只有一個訂閱者應該處理一個事件，查詢過程可以和悲觀鎖（pessimistic locking）整合，這確保了生產者端沒有其他消費者能夠處理該訊息。

事件攜帶狀態轉移

事件攜帶狀態轉移（ECST）訊息通知訂閱者有關生產者內部狀態的變化。與事件通知訊息相反，ECST 訊息包括反映狀態變化的所有資料。

ECST 訊息可以有兩種形式，第一種是修改後實體（entity）狀態的完整快照（snapshot）：

```
{
    "type": "customer-updated",
    "event-id": "6b7ce6c6-8587-4e4f-924a-cec028000ce6",
    "customer-id": "01b18d56-b79a-4873-ac99-3d9f767dbe61",
    "timestamp": 1615728520,
```

```
    "payload": {
        "first-name": "Carolyn",
        "last-name": "Hayes",
        "phone": "555-1022",
        "status": "follow-up-set",
        "follow-up-date": "2021/05/08",
        "birthday": "1982/04/05",
        "version": 7
    }
}
```

前面範例中的 ECST 訊息包含消費者更新狀態的完整快照，在操作大型資料結構（data structures）時，在 ECST 訊息中僅包含實際修改的欄位可能是合理的：

```
{
    "type": "customer-updated",
    "event-id": "6b7ce6c6-8587-4e4f-924a-cec028000ce6",
    "customer-id": "01b18d56-b79a-4873-ac99-3d9f767dbe61",
    "timestamp": 1615728520,
    "payload": {
        "status": "follow-up-set",
        "follow-up-date": "2021/05/10",
        "version": 8
    }
}
```

無論 ECST 訊息包含完整的快照還是僅包含更新的欄位，這類事件流（flow）都允許消費者保存實體狀態的本地快取（local cache）並使用它。就概念上說，使用事件攜帶狀態轉移的訊息是一種非同步資料複製的機制，這種方法使系統更具容錯性，這表示即使生產者無法取用時，消費者也可以繼續運作。這也是一種提高必須處理來自多個來源資料的元件之效能的方法，不用每次需要資料時都查詢資料來源，所有資料都可以在本地快取，如圖 15-4 所示。

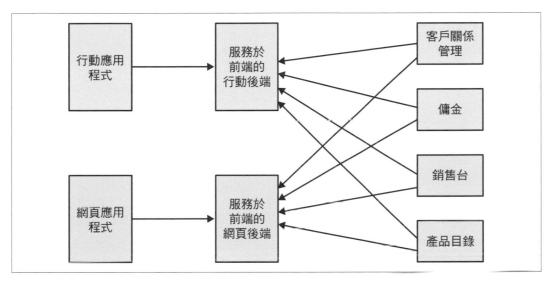

圖 15-4　服務於前端的後端

領域事件

第三種類型的事件訊息是我們在第 6 章中描述的領域事件。在某種程度上,領域事件介於事件通知和 ECST 訊息之間:它們都描述了業務領域中的重要事件,並且它們包含所有描述事件的資料。儘管有相似之處,但這些類型的訊息在概念上是不同的。

領域事件 vs. 事件通知

領域事件與事件通知都描述了生產者業務領域的變化,儘管如此,它們有兩個概念上的差異。

第一,領域事件包括描述事件的所有訊息,消費者不需要採取任何進一步的行動來獲得完整的情況。

第二,建模的意圖不同。事件通知的目的在於改善和其他元件的整合。另一方面,領域事件的目的在於建模和描述業務領域。即使沒有外部消費者對領域事件感興趣,領域事件也很有用,在事件源系統中尤其如此,領域事件用來對所有可能的狀態轉換進行建模,讓外部消費者對所有可用的領域事件感興趣會導致不理想的設計。我們將在本章後面更詳細地討論這一點。

領域事件 vs. 事件攜帶狀態轉移

領域事件中包含的資料在概念上和典型 ECST 訊息的綱要不同。

ECST 訊息提供了足夠的資訊來保存生產者資料的本地快取，沒有單個領域事件應該揭露如此豐富的模型。即使包含在特定領域事件中的資料也不足以快取聚合的狀態，因為消費者未訂閱的其他領域事件可能會影響到相同的欄位。

此外，在通知事件的情況下，這兩種訊息的建模意圖是不同的。領域事件中包含的資料其目的並非在描述聚合的狀態，事實上，它描述了在其生命週期中發生的業務事件。

事件類型：範例

這是一個範例，展示了這三個類型的事件之間的差異。想想看以下三種表示結婚事件的方式：

```
eventNotification = {
    "type": "marriage-recorded",
    "person-id": "01b9a761",
    "payload": {
        "person-id": "126a7b61",
        "details": "/01b9a761/marriage-data"
    }
};

ecst = {
    "type": "personal-details-changed",
    "person-id": "01b9a761",
    "payload": {
        "new-last-name": "Williams"
    }
};

domainEvent = {
    "type": "married",
    "person-id": "01b9a761",
    "payload": {
        "person-id": "126a7b61",
        "assumed-partner-last-name": true
    }
};
```

marriage-recorded 是一個事件通知的訊息。除了具有指定 ID 的人結婚的事實之外，它不包含任何訊息。它包含有關事件的最少資訊，對更多詳細訊息感興趣的消費者必須點擊 details 欄位中的連結。

personal-details-changed 是一個事件攜帶狀態轉移的訊息。它描述了此人個人詳細資訊的更改，即其姓氏已經更改。該訊息未說明更改的原因，這個人結婚了還是離婚了？

最後，married 是一個領域事件，它的建模盡可能接近業務領域中事件的本質。它包括此人的 ID 和一個旗標（flag），指出此人是否使用其伴侶的名字。

設計事件驅動的整合

正如我們在第 3 章中所討論的，軟體設計主要是關於邊界的。邊界定義了哪些屬於內部，哪些留在外部，最重要的是，定義了跨越邊界的內容——本質上元件如何互相整合。基於 EDA 系統中的事件是最高級的設計要素，既影響元件的整合方式，也影響元件本身的邊界。選擇正確類型的事件訊息是創造（解耦（decouples））或破壞（耦合（couples））分散式系統的原因。

在本節中，您將學習應用不同事件類型的啟發式方法（heuristics）。但首先，讓我們來看看如何使用事件來設計一個強耦合、分散式的大泥球。

分散式大泥球

想想看圖 15-5 所示的系統。

客戶關係管理（CRM）限界上下文被實作為事件源領域模型。當 CRM 系統必須與「行銷」限界上下文整合時，團隊決定利用事件源資料模型的彈性，讓消費者（在此例中是「行銷」）訂閱 CRM 的領域事件，並使用它們來投影（project）符合他們需求的模型。

在導入「廣告最佳化」限界上下文時，它還必須處理由 CRM 限界上下文產生的資訊。同樣的，團隊決定讓「廣告最佳化」訂閱 CRM 中產生的所有領域事件，並設計出適合「廣告最佳化」需求的模型。

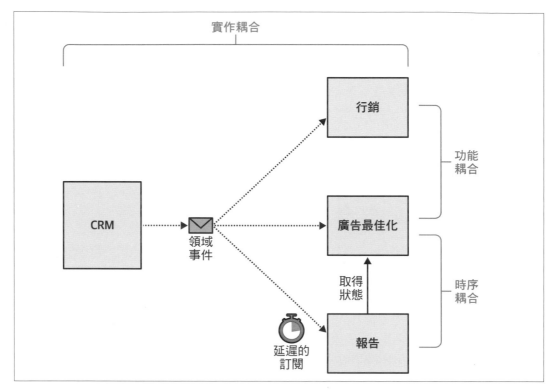

圖 15-5　強耦合的分散式系統

有趣的是，「行銷」和「廣告最佳化」限界上下文（bounded contexts）都必須以相同的格式呈現客戶資訊，因此最終從 CRM 領域事件中投影出相同的模型：每位客戶狀態的扁平化（flattened）快照（snapshot）。

「報告」限界上下文僅訂閱由 CRM 發布的領域事件子集合，並當作事件通知訊息以獲取在「廣告最佳化」上下文中執行的計算。但是，由於兩個「廣告最佳化」限界上下文是使用相同的事件來觸發它們的計算，為了確保「廣告最佳化」上下文更新「報告」模型，它導入了延遲，在收到訊息五分鐘後才處理。

這個設計太糟糕了，讓我們來分析一下這個系統中的耦合類型。

時序耦合

「廣告最佳化」和「報告」限界上下文是時序地耦合：它們依賴於嚴格的執行順序，「廣告最佳化」元件必須在觸發「報告」模組之前完成處理，如果順序顛倒，「報告」系統中將產生不一致的資料。

為了強制執行所需的執行順序，工程師在「報告」系統中導入了延遲處理。這五分鐘的延遲讓「廣告最佳化」元件完成所需的計算。顯然，這並不能防止錯誤的執行順序：

- 「廣告最佳化」可能過載，無法在五分鐘內完成處理。
- 網路問題可能會將傳入的訊息延遲傳遞到「廣告最佳化」服務。
- 「廣告最佳化」元件可能會遇到中斷並停止處理傳入的訊息。

功能耦合

「行銷」和「廣告最佳化」限界上下文都訂閱了 CRM 的領域事件，並最終實作了客戶資料的相同投影。換句話說，將傳入的領域事件轉換為基於狀態表示的業務邏輯，此邏輯在兩個限界上下文中都是重複的，而且更改的原因相同：它們必須以相同的格式呈現客戶的資料。因此，如果在其中一個元件中更改了投影，則必須在第二個限界上下文中複製此更改。

這是功能耦合的一個例子：多個元件實作相同的業務功能，如果它更改，兩個元件必須同時更改。

實作耦合

這種類型的耦合更加微妙。「行銷」和「廣告最佳化」限界上下文訂閱了 CRM 事件源模型產生的所有領域事件。因此，CRM 實作中的更改，例如增加新的領域事件或是更改既有事件的綱要，必須反映在兩個訂閱的限界上下文中！否則會導致資料不一致。例如，如果一個事件的綱要更改，訂閱者的投影邏輯就會失敗。另一方面，如果一個新的領域事件被新增到 CRM 模型中，它可能會影響投影的模型，因此，忽略它會導致投影不一致的狀態。

重構事件驅動的整合

如您所見，盲目地將事件注入系統使它既不解耦也不具有彈性。您可能會認為這是一個不切實際的例子，但不幸的是，這個例子是基於一個真實的故事。讓我們來看看如何調整事件以顯著改進設計。

揭露構成 CRM 資料模型的所有領域事件，將訂閱者與生產者的實作細節聯繫在一起。實作耦合可以透過揭露較受限制的事件集合或不同類型的事件來解決。

「行銷」和「廣告最佳化」訂閱者透過實作相同的業務功能，在功能上互相耦合。

實作和功能耦合都可以透過將投影邏輯封裝在生產者中來解決：CRM 的限界上下文。CRM 可以遵循消費者驅動的契約模式，而不是揭露其實作細節：投影消費者所需的模型，並使它成為限界上下文的釋出語言（published language）的一部分——整合專用的模型，解耦自內部的實作模型。結果，消費者獲得了它們需要的所有資料，並且沒有意識到 CRM 的實作模型。

為了解決「廣告最佳化」和「報告」限界上下文之間的時序耦合，「廣告最佳化」元件可以發布一個事件通知訊息，觸發「報告」元件獲取它需要的資料。這個重構的系統如圖 15-6 所示。

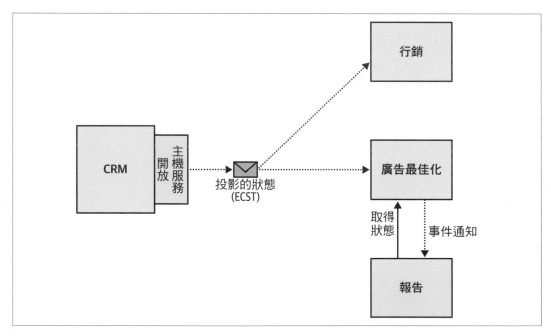

圖 15-6　重構的系統

事件驅動設計的啟發式方法

將事件類型與手上的任務相配對，使產生設計的耦合降低數個數量級、更彈性，而且容錯。讓我們制定所採用更改其背後的設計啟發式方法。

最壞的打算

正如 Andrew Grove 所言，惶者生存[3]。在設計事件驅動系統時將此作為指導原則：

* 網絡會變慢。
* 伺服器將在最不便的時刻出現故障。
* 事件將亂序地到達。
* 事件將會重複。

最重要的是，這些事件將在周末和國定假日最頻繁地發生。

事件驅動架構中的驅動一詞意味著您的整個系統取決於訊息的成功傳遞。因此，避免像瘟疫一樣「一切都會好起來」的心態。確保事件總是始終如一地交付出去，無論如何：

* 使用寄件匣模式（outbox pattern）可靠地發布訊息。
* 發布訊息時，確保訂閱者能夠去除重複的訊息，並識別和重新排序亂序的訊息。
* 在編排需要發布補償動作的跨限界上下文程序時，利用 saga 和流程管理器（process manager）模式。

使用公開和私有事件

在發布領域事件時要小心揭露了實作細節，尤其是在事件源的聚合中。把事件視為限界上下文公開介面的固有部分，因此，在實作開放主機服務（open-host service）模式時，請確保事件反映在限界上下文的釋出語言中。第 9 章討論了轉換基於事件模型的模式。

在設計限界上下文的公開介面時，利用不同類型的事件。事件攜帶狀態轉移的訊息將實作模型壓縮成一個更精巧的模型，該模型只傳達消費者需要的資訊。

事件通知的訊息可用於進一步最小化公開介面。

---

3   Grove, A. S. (1998). *Only the Paranoid Survive*. London: HarperCollins Business.

最後，謹慎使用領域事件和外部限界上下文進行溝通，考慮設計一組專用的公開領域事件。

評估一致性需求

在設計事件驅動的溝通時，評估限界上下文的一致性需求，作為選擇事件類型的附加啟發式方法：

- 如果元件可以滿足最終一致的資料，請使用事件攜帶狀態轉移的訊息。
- 如果消費者需要讀取生產者狀態中的最後一次寫入，則發出事件通知訊息，隨後查詢以獲取生產者的最新狀態。

總結

本章將事件驅動架構介紹為設計限界上下文公開介面的固有面向。您學習了可用於跨限界上下文溝通的三種類型的事件：

事件通知

　　發生重要事情的通知，但需要消費者明確地向生產者查詢其他資訊。

事件攜帶狀態轉移

　　基於訊息的資料複製機制。每個事件都包含一個狀態快照，可用於維護生產者資料的本地快取。

領域事件

　　描述生產者業務領域中事件的訊息。

使用不恰當的事件類型會破壞基於 EDA 的系統，無意間把它變成一個大泥球。要為整合選擇正確的事件類型，請評估限界上下文的一致性要求，並小心揭露了實作細節。設計一組明確的公開和私有事件。最後，確保系統的訊息傳遞，即使面對技術問題和中斷。

練習

1. 以下哪些說法是正確的？

    A. 事件驅動架構定義了跨元件邊界的事件。

    B. 事件源定義了旨在保持限界上下文邊界內的事件。

    C. 事件驅動架構和事件源是同一模式的不同術語。

    D. A 和 B 是正確的。

2. 哪種類型的事件最適合傳達狀態的更改？

    A. 事件通知。

    B. 事件攜帶狀態轉移。

    C. 領域事件。

    D. 所有事件類型都一樣適用於傳達狀態的更改。

3. 哪種限界上下文的整合模式需要明確地定義公開事件？

    A. 開放主機服務

    B. 防腐層

    C. 共享核心

    D. 追隨者

4. 服務 S1 和 S2 是非同步整合的，S1 必須傳輸資料，S2 需要能夠讀取 S1 中最後寫入的資料。哪種類型的事件適合這種整合情境？

    A. S2 應該發布事件攜帶狀態轉移的事件。

    B. S2 應該發布公開的事件通知，通知 S1 發出同步請求以獲取最新資訊。

    C. S2 應該發布領域事件。

    D. A 和 B。

第十六章

資料網格

在本書中目前為止，我們已經討論了用於建立營運系統（operational systems）的模型，營運系統實作操控系統資料並編排它與環境日常互動的即時事務（transactions）。這些模型是線上事務處理（online transactional processing，OLTP）的資料。另一種值得關注和適當建模的資料是線上分析處理（online analytical processing，OLAP）的資料。

在本章中，您將學習稱為資料網格（data mesh）的分析資料（analytical data）管理架構。您將看到基於資料網格的架構如何運作，以及它與更傳統的 OLAP 資料管理方法有何不同。最終，您將看到領域驅動設計（domain-driven design）和資料網格如何互相適應。但首先，讓我們來看看這些分析資料模型是什麼，以及為何我們不能把營運模型再用於分析使用案例。

分析資料模型 vs. 事務資料模型

人們說知識就是力量，分析資料是使公司能夠利用累積的資料來深入了解如何最佳化業務、更好地了解客戶需求，甚至透過訓練機器學習（machine learning，ML）模型來做出自動化決策的知識。

分析模型（OLAP）和營運模型（OLTP）服務於不同類型的客戶，能夠實現不同類型的使用案例，因此被設計來遵循其他的設計原則。

營運模型是圍繞系統業務領域的各種實體（entities）建立的，實作它們的生命週期並編排它們之間的互動。這些模型如圖 16-1 所示，服務於營運系統，因此必須進行最佳化以支援即時的業務事務。

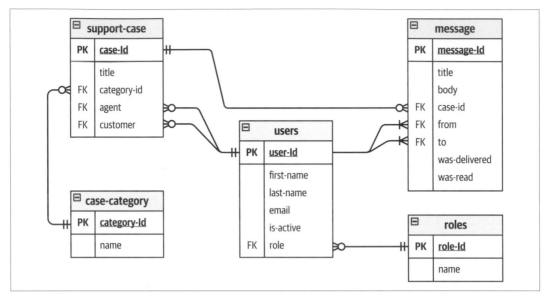

圖 16-1　描述營運模型中實體之間關係的關聯式資料庫（relational database）綱要（schema）

分析模型目的在為營運系統提供不同的洞察，分析模型不是實作即時的事務，而是旨在提供對業務活動績效的洞察，更重要的是，企業如何最佳化其營運以達成更大的價值。

從資料結構（data structure）的角度來看，OLAP 模型忽略了個別的業務實體，而是透過對事實資料表（fact tables）和維度資料表（dimension tables）進行建模來關注業務活動。接下來，我們將仔細查看這每一種資料表。

事實資料表

事實代表已經發生的業務活動，事實與領域事件（domain events）的概念相似，因為兩者都描述了過去發生的事，但和領域事件相反，並沒有將事實命名為過去式動詞的風格要求。儘管如此，事實仍代表業務流程的活動，例如，事實資料表 `Fact_CustomerOnboardings` 會包含每位新進客戶的記錄，而 `Fact_Sales` 則包含每個已提交銷售的記錄。圖 16-2 顯示了一個事實資料表的範例。

Fact-SolvedCases	
PK	CaseId
FK	AgentKey
FK	CategoryKey
FK	OpenedOnDateKey
FK	ClosedOnDateKey
FK	CustomerKey

圖 16-2　包含公司客服台（support desk）解決案例記錄的事實資料表

此外，和領域事件類似，事實記錄永遠不會被刪除或修改：分析資料是唯附加（append-only）資料：表示當前資料已過時的唯一方法是附加上具有目前狀態的新記錄。想想看圖 16-3 中的事實資料表 `Fact_CaseStatus`，它包含了隨時間變化的客服請求（requests）狀態的觀測。事實名稱中沒有明確的動詞，但由事實捕捉的業務流程是處理客服案例的流程。

Fact_CaseStatus

CaseId	Timestamp	AgentKey	CategoryKey	CustomerKey	StatusKey
case-141408202228	2021-06-15 10:30:00		12	10060512	1
case-141408202228	15/06/2021 11:00:00	285889	12	10060512	2
case-141408202228	15/06/2021 11:30:00	285889	12	10060512	2
case-141408202228	15/06/2021 12:00:00	285889	12	10060512	3
case-141408202228	15/06/2021 12:30:00	285889	12	10060512	2
case-141408202228	15/06/2021 13:00:00	285889	12	10060512	4

圖 16-3　描述客服案例生命週期中狀態變化的事實資料表

OLAP 和 OLTP 模型之間的另一個顯著差別是資料的粒度（granularity）。營運系統需要最精確的資料來處理業務事務。對於分析模型，聚合的（aggregated）資料在許多使用案例中更有效。例如，在圖 16-3 所示的 `Fact_CaseStatus` 表中，您可以看到每 30 分鐘拍攝一次快照（snapshots）。使用模型的資料分析師決定最適合他們需求的粒度級別。為觀測的每個更改（例如，案例資料的每個更改）創建事實記錄在一些情況下是浪費的，在其他情況下甚至在技術上是不可能的。

維度資料表

分析模型的另一個重要的建構區塊是維度，如果事實代表業務流程或動作（動詞），維度則描述這個事實（形容詞）。

維度旨在描述事實的特性，並當作從事實資料表到維度資料表的外來鍵（foreign key）來參考。建模成維度的特性是在不同事實記錄中重複的任何觀測或資料，而且不能放進單一欄位中。例如，圖 16-4 中的綱要用它的維度擴充了 SolvedCases 事實。

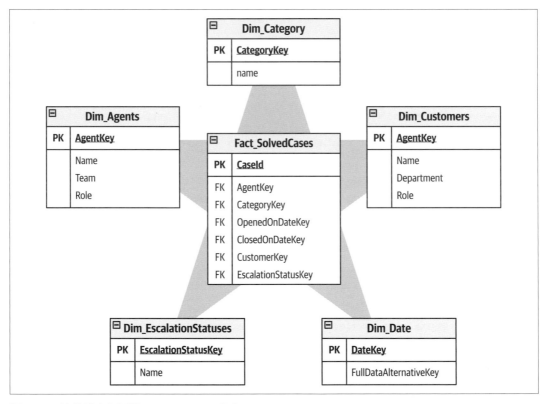

圖 16-4　被其維度包圍的 SolvedCases 事實

維度高度標準化（normalization）的原因是分析系統需要支援彈性的查詢。這是營運模型和分析模型之間的另一個差異。可以預測營運模型如何被查詢以支援業務需求，而分析模型的查詢模式是不可預測的。

資料分析師需要彈性的方式來查看資料，而且很難預測將來會執行哪些查詢。因此，標準化支援了動態查詢（dynamic querying）和過濾（filtering），以及跨不同維度對事實資料進行分組。

分析模型

圖 16-5 中描述的資料表結構稱為星狀綱要（*star schema*）。它基於事實與其維度之間的多對一關係：每個維度的記錄被許多事實使用；事實的外來鍵指向單一維度的記錄。

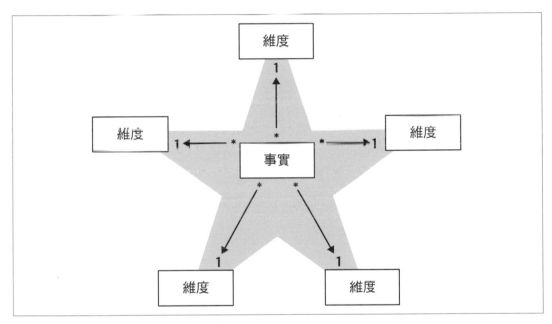

圖 16-5　事實及其維度之間的多對一關係

另一個主要的分析模型是雪花狀綱要（snowflake schema）。雪花狀綱要基於相同的建構區塊：事實和維度。然而，在雪花狀綱要中，維度是多層級的（multilevel）：每個維度進一步標準化為更多細粒度（fine-grained）的維度，如圖 16-6 所示。

由於額外的標準化，雪花狀綱要將使用較少的空間來儲存維度資料，而且更易於維護。但是，查詢事實資料需要連接（joining）更多的資料表，因此需要更多的計算資源。

星狀綱要和雪花狀綱要都允許資料分析師分析業務績效，深入洞察可以最佳化和建立到商業智慧（business intelligence，BI）報告中的內容。

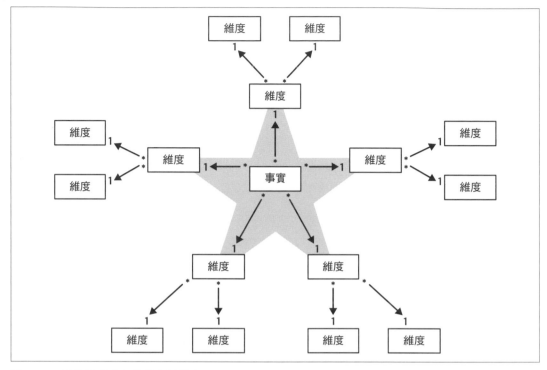

圖 16-6　雪花狀綱要中的多層級維度

分析資料管理平台

讓我們將討論從分析建模轉移到支援產生和提供分析資料的資料管理架構。在本節中，我們將討論兩種常見的分析資料架構：資料倉儲（data warehouse）和資料湖（data lake）。您將學習到每種架構的基本運作原理、它們之間的區別，以及每種方法的挑戰。了解這兩種架構如何運作將為討論本章的主要議題奠定基礎：資料網格典範（paradigm）及它和領域驅動設計的相互作用。

資料倉儲

資料倉儲（DWH）的架構相對簡單。從企業的所有營運系統中提取資料，將來源資料轉換為分析模型，並將產生的資料載入到資料分析導向的資料庫中，這個資料庫（database）就是資料倉儲。

此資料管理架構主要基於提取—轉換—載入（extract-transform-load，ETL）腳本。資料可以來自各種來源：操作型資料庫（operational database）、串流事件（streaming event）、日誌（logs）等。除了將來源資料轉換為基於事實／維度的模型之外，轉換步驟還可能包括其他操作，例如刪除敏感資料、去除重複記錄、重新排序事件、聚合細粒度事件等。

在某些情況下，此轉換可能需要暫時儲存傳入的資料，這被稱為整備區（staging area）。

產生的資料倉儲，如圖 16-7 所示，包含涵蓋企業所有業務流程的分析資料。資料使用 SQL 語言（或其方言（dialects）的其中一種）揭露，供資料分析師和 BI 工程師使用。

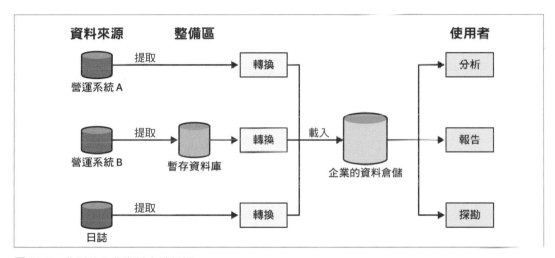

圖 16-7　典型的企業資料倉儲架構

細心的讀者會注意到，資料倉儲架構面臨著第 2 章和第 3 章中討論的一些挑戰。

首先，資料倉儲架構的核心是建立企業級模型的目標，該模型應該描述企業所有系統產生的資料，並解決分析資料的所有不同使用案例。例如，分析模型可以最佳化業務、降低營運成本、制定智慧的業務決策、報告，甚至訓練 ML 模型。正如您在第 3 章中學習到的，這種方法對於最小的組織來說是不切實際的。為手上的任務設計模型，例如建立報告或訓練 ML 模型，是一種更有效且可擴展的方法。

建立一個包羅萬象模型的挑戰可以透過使用資料市集（data marts）來部分地解決。資料市集是一個資料庫，其中包含與明確定義的分析需求相關的資料，例如單一業務部門的分析。在圖 16-8 所示的資料市集模型中，一個市集直接由來自營運系統的 ETL 流程來填充，而另一個市集從資料倉儲中提取其資料。

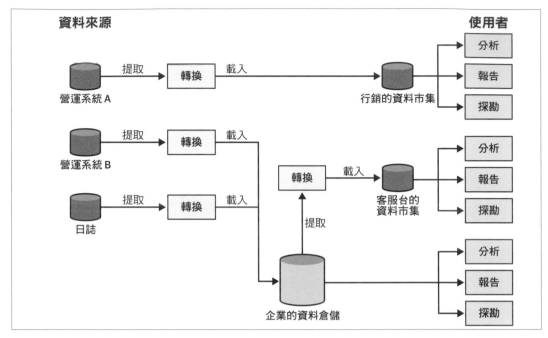

圖 16-8　用資料市集強化的企業資料倉儲架構

當資料從企業資料倉儲接收到資料市集時，仍然需要在資料倉儲中定義企業級的模型。或者，資料市集可以實作專門的 ETL 流程以直接從營運系統中獲取資料。在這種情況下，產生的模型使得跨不同市集（例如跨不同部門）查詢資料變得具有挑戰性，因為它需要跨資料庫查詢而且顯著地影響效能。

資料倉儲架構另一個具有挑戰性的方面是 ETL 流程在分析（OLAP）和營運（OLTP）系統之間建立了強耦合（coupling）。ETL 腳本使用的資料不一定透過系統的公開介面（public interfaces）揭露，DWH 系統通常只是獲取留在營運系統資料庫中的所有資料。操作型資料庫中使用的綱要不是公開介面，而是內部的實作細節。因此，綱要中的微小變化注定會破壞資料倉儲的 ETL 腳本。由於營運和分析系統是由距離較遠的組織單位實作和維護的，因此兩者之間的溝通具有挑戰性，並導致團隊之間出現大量的摩擦，這種溝通模式如圖 16-9 所示。

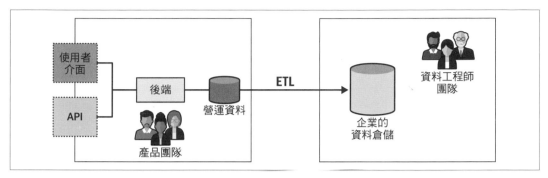

圖 16-9　透過直接從操作型資料庫獲取資料來填充資料倉儲，忽略整合導向的公開介面

資料湖架構解決了資料倉儲架構的一些缺點。

資料湖

和資料倉儲一樣，資料湖架構基於相同的概念，即接收營運系統的資料並把它轉換為分析模型。然而，這兩種方法之間存在概念上的差異。

基於資料湖的系統會接收營運系統的資料，但是資料並沒有立即轉換為分析模型，而是以其原始形式保存，即在原始的營運模型中。

最終，原始資料無法滿足資料分析師的需求。因此，資料工程師和 BI 工程師的工作是理解湖中的資料並實作 ETL 腳本，這些腳本將產生分析模型並將它們輸入資料倉儲。圖 16-10 描述了資料湖的架構。

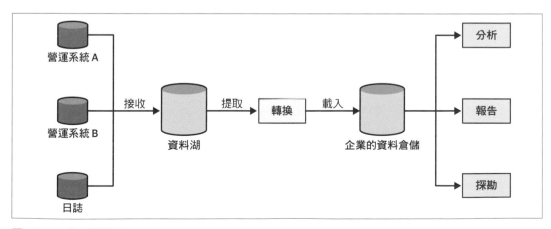

圖 16-10　資料湖架構

由於營運系統的資料以其起初、原始的形式保留，並且僅在之後進行轉換，因此資料湖允許使用多個任務導向的分析模型，一種模型可用於報告，另一種用於訓練 ML 模型，依此類推。此外，將來可以增加新模型並使用現有的原始資料進行初始化。

儘管如此，延遲產生的分析模型增加了整個系統的複雜度。資料工程師實作並支援同一個 ETL 腳本的多個版本，以適應不同版本營運模型的情況並不少見，如圖 16-11 所示。

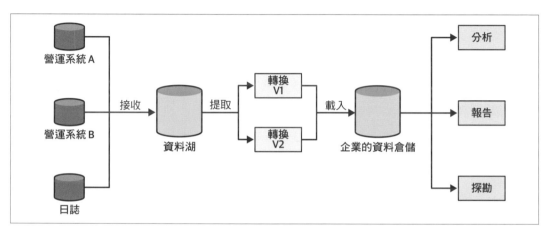

圖 16-11　相同 ETL 腳本的多個版本，適應不同版本的營運模型

此外，由於資料湖是無綱要（schema-less）的──沒有對傳入資料施加模式──並且無法控制傳入資料的品質，因此資料湖的資料在一定規模上會變得混亂。資料湖使接收資料變得容易，但使用它卻更具挑戰性。或者，正如人們常說的，資料湖變成了資料沼澤（data swamp）。資料科學家的工作變得更加複雜，要去理解這些混亂並提取有用的分析資料。

資料倉儲和資料湖架構的挑戰

資料倉儲和資料湖架構都基於這樣一個假設，即為分析而接收的資料越多，組織將獲得的洞察就越多。然而，這兩種方法都往往會在「大」數據（"big" data）的份量下崩潰，營運模型到分析模型的轉換匯集成數以千計無法維護的大規模臨時 ETL 腳本。

從建模的角度來看，這兩種架構都超越了營運系統的邊界，並創造了對其實作細節的依賴關係。由此產生對實作模型的耦合會在營運和分析系統團隊之間產生摩擦，通常會為了不破壞分析系統的 ETL 工作而避免對營運模型的更改。

更糟糕的是，由於資料分析師和資料工程師屬於不同的組織單位，他們往往缺乏對營運系統開發團隊所擁有業務領域的深入了解。他們主要專注於大數據工具，而非業務領域的知識。

最後但同樣重要的一點是，與實作模型的耦合在基於領域驅動設計的專案中尤其嚴重，其中的重點是不斷演化並改進業務領域的模型。因此，營運模型的更改可能會對分析模型產生不可預料的後果。這種更改在 DDD 專案中很常見，而且經常導致研發和資料團隊之間產生摩擦。

資料倉儲和資料湖的這些限制啟發了一種新的分析資料管理架構：資料網格。

資料網格

就某種意義上來說，資料網格架構是分析資料的領域驅動設計。由於 DDD 不同模式繪製了邊界並保護它們的內容，資料網格架構定義並保護了分析資料的模型和所有權邊界。

資料網格架構基於四個核心原則：圍繞領域分解資料、資料即產品、實現自主權，以及建立生態系統，讓我們詳細討論每個原則。

圍繞領域分解資料

資料倉儲和資料湖方法旨在將企業的所有資料統一到一個大模型中。由於和企業級營運模型相同的理由，由此產生的分析模型是無效的。此外，把來自所有系統的資料收集到一個位置會模糊各種資料元素的所有權邊界。

資料網格架構不是建立一個整體分析模型，而是提倡利用我們在第 3 章中討論的相同解決方案用於營運資料：使用多個分析模型並使它們與資料的來源一致。這自然地讓分析模型的所有權邊界與限界上下文（bounded contexts）的邊界保持一致，如圖 16-12 所示。當根據系統的限界上下文對分析模型進行分解時，分析資料的產生就成為相對應產品團隊的職責。

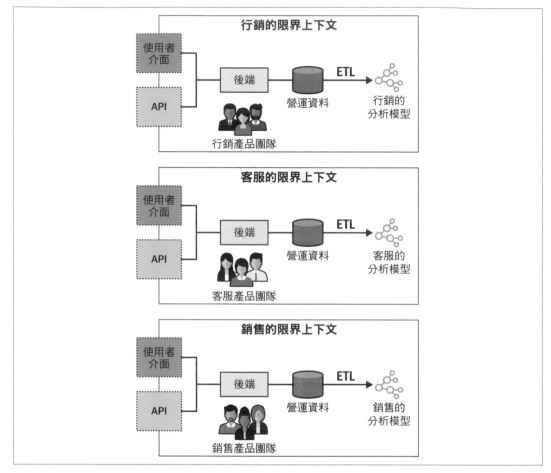

圖 16-12　讓分析模型的所有權邊界與限界上下文的邊界保持一致

現在，每個限界上下文都擁有自己的營運（OLTP）和分析（OLAP）模型。結果，相同的團隊擁有營運模型，現在負責將它轉換為分析模型。

資料即產品

經典的資料管理架構使發現、理解並取得高品質的分析資料變得困難。這在資料湖的情況下尤其嚴重。

資料即產品的原則要求將分析資料視為一等公民。在基於資料網格的系統中,限界上下文透過明確定義的輸出埠(ports)為分析資料提供服務,而不是讓分析系統必須從可疑的來源(內部資料庫、日誌文件等)來獲取營運資料,如圖 16-13 所示。

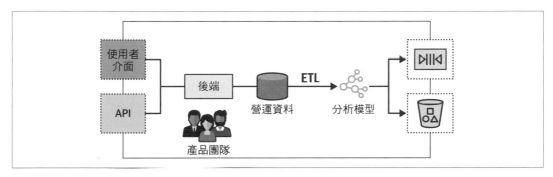

圖 16-13　向客戶揭露分析資料的混合資料端點

分析資料應該像任何公開 API 一樣被對待:

- 應該很容易發現必要的端點:資料輸出埠。

- 分析端點應該有一個定義明確的模式來描述所服務的資料及其格式。

- 分析資料應該是值得信賴的,而且和任何 API 一樣,它應該定義和監視服務水準協議(service-level agreements,SLA)。

- 分析模型應作為常規 API 進行版本化,並相對應地管理模型中整合中斷的更改。

此外,由於分析資料被視為一種產品,它必須滿足客戶的需求。限界上下文的團隊負責確保產生的模型滿足客戶的需求。與資料倉儲和資料湖架構相反,使用資料網格,對資料品質負責是最重要的問題。

分散式(distributed)資料管理架構的目標是讓細粒度的分析模型被組合來滿足組織的資料分析需求。例如,如果 BI 報告應該反映來自多個限界上下文的資料,它應該在需要時能夠輕鬆地獲取分析資料,並應用本地(local)轉換產生報告。

最後,不同客戶可能需要不同形式的分析資料。有些人可能更喜歡執行 SQL 查詢,有些人可能更喜歡從物件存放區(object storage)服務中獲取分析資料等等。因此,資料產品必須是混合的,以適合不同客戶需求的格式提供資料。

要實行資料即產品的原則,產品團隊需要加上資料導向的專家。這是跨職能團隊拼圖中缺失的部分,傳統上只包括與營運系統相關的專家。

實現自主權

產品團隊應該能夠創建自己的資料產品，並使用由其他限界上下文提供的資料產品。就像在限界上下文的情況下一樣，資料產品應該可交互運作（interoperable）。

如果每個團隊都建立自己的解決方案來提供分析資料，那將是浪費、低效，而且難以整合的。為了防止這種情況發生，需要一個平台來抽象化建立、執行和維護可交互運作資料產品的複雜度。設計並建立這樣的平台是一項艱鉅的任務，需要一個專門的資料基礎設施平台團隊。

資料基礎設施平台團隊應負責定義資料產品的藍圖、統一的存取模式、存取控制、產品團隊可以利用的混合存放區，並監視平台、確保 SLA 符合目標。

建立生態系統

建立資料網格系統的最後一步是指定一個聯合治理的本體（federated governance body），以在分析資料的領域中實現可交互運作性和生態系統思維。這通常會是一個由限界上下文的資料和產品負責人（product owners），以及資料基礎設施平台團隊的代表所組成的小組，如圖 16-14 所示。

治理小組負責定義規則以確保一個健康且可交互運作的生態系統，這些規則必須適用於所有資料產品及其介面，確保整個企業遵守規則是團隊的責任。

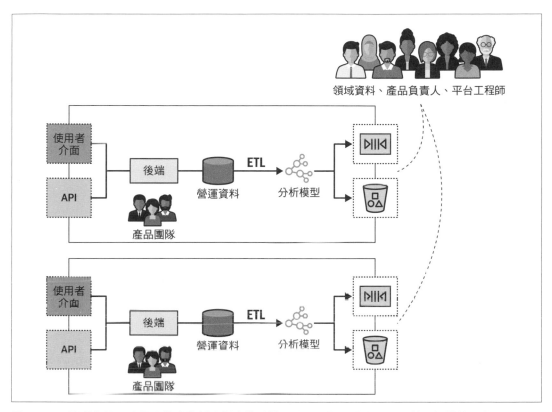

圖 16-14　治理小組，確保分散式資料分析生態系統可交互運作、健康，而且滿足組織的需求

結合資料網格和領域驅動設計

這些是資料網格架構所基於的四個原則。對定義邊界的強調，以及在定義良好的輸出埠後面封裝實作細節，使得資料網格架構顯然是基於與域驅動設計相同的理由。此外，一些領域驅動設計的模式可以極大地支援實作資料網格架構。

首先，統一語言（ubiquitous language）和出此產生的領域知識對於設計分析模型至關重要。正如我們在資料倉儲和資料湖部分所討論的，傳統架構中缺乏領域知識。

其次，在與營運模型不同的模型中揭露限界上下文的資料是開放主機（open-host）模式。在這種情況下，分析模型是一種附加的釋出語言（published language）。

命令—查詢職責分離（CQRS）模式可以輕鬆產生相同資料的多個模型，可以利用它來將營運模型轉換為分析模型。CQRS 模式從頭開始產生模型的能力使得同時產生和服務多個版本的分析模型變得容易，如圖 16-15 所示。

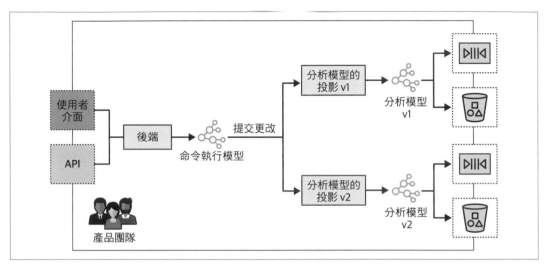

圖 16-15　利用 CQRS 模式以兩個不同模式的版本同時提供分析資料

最後，由於資料網格架構結合了不同的限界上下文模型來實作分析使用案例，因此營運模型的限界上下文整合模式也適用於分析模型，兩個產品團隊可以合作發展他們的分析模型。另外也可以實作防腐層（anticorruption layer）來保護自己免受無效分析模型的影響，或另一方面，團隊可以各行其道（separate ways），產生分析模型的重複實作。

總結

在本章中，您學習了設計軟體系統的不同面向，特別是定義和管理分析資料。我們討論了分析資料的主要模型，包括星狀和雪花狀綱要，以及資料在資料倉儲和資料湖中的傳統管理方式。

資料網格架構旨在解決傳統資料管理架構的挑戰。在其核心，它採用與領域驅動設計相同的原則，但適用於分析資料：將分析模型分解為可管理的單元，並確保可以透過其公開介面可靠地存取並使用分析資料。最終，CQRS 和限界上下文整合模式可以支援資料網格架構的實作。

練習

1. 關於事務（OLTP）和分析（OLAP）模型之間的差異，以下哪些說法是正確的？

   A. OLAP 模型應該提供比 OLTP 模型更彈性的查詢選項。

   B. OLAP 模型預計會比 OLTP 模型經歷更多更新，因此必須針對寫入進行最佳化。

   C. OLTP 資料針對即時操作進行了最佳化，而等待 OLAP 查詢的回應幾秒甚至幾分鐘是可以接受的。

   D. A 和 C 是正確的。

2. 哪種限界上下文整合模式對於資料網格架構的實作至關重要？

   A. 共享核心

   B. 開放主機服務

   C. 防腐層

   D. 合夥關係

3. 哪種架構模式對於資料網格架構的實作是必要的？

   A. 分層架構。

   B. 埠和適配器。

   C. CQRS。

   D. 架構模式不能支援 OLAP 模型的實作。

4. 資料網格架構的定義要求圍繞「領域」分解資料。DDD 中表示資料網格領域的術語是什麼？

   A. 限界上下文。

   B. 業務領域。

   C. 子領域。

   D. 在 DDD 中沒有資料網格領域的同義詞。

結語

為了完成我們對領域驅動設計（domain-driven design）的探討，我想回到我們一開始時的引用：

> 在我們對問題有共識之前談解決方案是沒有意義的，在我們對解決方案有共識之前談實行步驟也是沒有意義的。

—Efrat Goldratt-Ashlag

這句話巧妙地總結了我們的 DDD 之旅。

問題

要提供軟體解決方案，我們首先要了解問題：我們從事的業務領域（business domain）是什麼、業務目標是什麼，實現這些目標的戰略是什麼。

我們使用統一語言（ubiquitous language）來深入了解我們必須在軟體中實作的業務領域及邏輯。

您學會了透過將業務問題分解為限界上下文（bounded contexts）來管理業務問題的複雜度。每個限界上下文都實行了單一的業務領域模型，目的在於解決一個特定的問題。

我們討論了如何辨別和分類業務領域的建構區塊：核心（core）、支持（supporting）和通用子領域（generic subdomains）。表 E-1 比較了這三種類型的子領域。

表 E-1　三種類型的子領域

子領域類型	競爭優勢	複雜度	不穩定性	實行	問題
核心	是	高	高	內部	引人入勝
通用	否	高	低	購買 / 採用	已經解決
支持	否	低	低	內部 / 外包	顯而易見

解決方案

您學會了利用這些知識來設計針對每種類型子領域最佳化的解決方案。 我們討論了四種業務邏輯的實作模式——事務腳本（*transaction script*）、主動記錄（*active record*）、領域模型（*domain model*）、事件源領域模型（event sourced domain model）——以及每種模式的應用情境。您還看到了三種架構模式，它們為實作業務邏輯提供了所需的鷹架：分層架構（*layered architecture*）、埠和適配器（*ports & adapters*）、命令－查詢職責分離（*CQRS*）。圖 E-1 總結了使用這些模式進行戰術決策的啟發式方法。

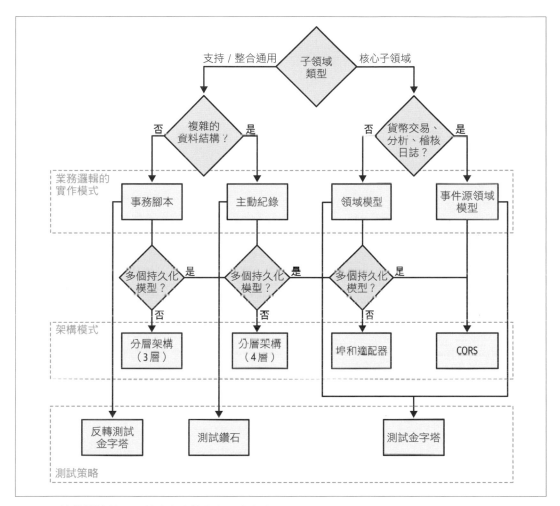

圖 E-1　決策樹總結了用於戰術決策的啟發式方法

實作

在第三部分中，我們討論了如何將理論轉化為實踐。您學習了如何透過促成事件風暴（EventStorming）會議來有效建立統一語言，如何隨著業務領域的發展保持設計的狀態，以及如何在棕地（brownfield）專案中導入並開始使用領域驅動設計。

在第四部分，我們討論了領域驅動設計與其他方法及模式之間的相互作用：微服務（microservices）、事件驅動（event-driven）架構，以及資料網格（data mesh）。我們看到 DDD 不僅可以和這些技術結合使用，而且它們實際上是相輔相成的。

延伸閱讀

我希望這本書能讓您對領域驅動設計感興趣。如果您想繼續學習，這裡有一些我衷心推薦的書。

進階的領域驅動設計

- Evans, E. (2003). *Domain-Driven Design: Tackling Complexity in the Heart of Software*. Boston: Addison-Wesley.

  Eric Evans 的原著，它介紹了領域驅動設計的方法。儘管它沒有反映 DDD 的較新面向，例如領域事件和事件源，但它仍然是成為 DDD 黑帶的必備讀物。

- Martraire, C. (2019). *Living Documentation: Continuous Knowledge Sharing by Design*. Boston: Addison-Wesley.

  在這本書中，Cyrille Martraire 提出了一種基於領域驅動設計的知識共享、記錄和測試的方法。

- Vernon, V. (2013). *Implementing Domain-Driven Design*. Boston: Addison-Wesley.

  另一個永恆的 DDD 經典。Vaughn Vernon 對領域驅動設計思維及其戰略和戰術工具集的使用提供了深入的討論和詳細範例。作為學習的基礎，Vaughn 使用了一個真實世界中 DDD 失敗措施的例子，以及應用必要的修正方向來恢復團隊活力的旅程。

- Young, G. (2017). *Versioning in an Event Sourced System* (*https://leanpub.com/esversioning/read*). Leanpub.

  在第 7 章中，我們討論了發展事件源系統可能具有挑戰性，這本書專門討論這個主題。

架構和整合模式

- Dehghani, Z.（預計於 2022 年出版）. *Data Mesh: Delivering Data-Driven Value at Scale*. Boston: O'Reilly.

  Zhamak Dehghani 是我們在第 16 章中討論過的資料網格模式的作者。在本書中，Dehghani 解釋了資料管理架構背後的原理，以及如何實際實作資料網格架構。

- Fowler, M. (2002). *Patterns of Enterprise Application Architecture*. Boston:Addison-Wesley.

  我在第 5 章和第 6 章多次引用經典應用架構模式的書，這也是最初定義事務腳本、主動記錄，以及領域模型模式的書。

- Hohpe, G., & Woolf, B. (2003). *Enterprise Integration Patterns: Designing, Building, and Deploying Messaging Solutions*. Boston: Addison-Wesley.

  第 9 章中討論的許多模式最初是在本書中介紹的，閱讀本書能了解更多元件的整合模式。

- Richardson, C. (2019). *Microservice Patterns: With Examples in Java*. New York: Manning Publications.

  在本書中，Chris Richardson 提供了許多在建構基於微服務的解決方案時，經常使用的模式詳細範例，討論到的模式包含 saga、流程管理器（process manager）、寄件匣（outbox），我們在第 9 章中討論過。

舊有系統的現代化

- Kaiser, S.（預計於 2022 年出版）. *Adaptive Systems with Domain-Driven Design, Wardley Mapping, and Team Topologies*. Boston: Addison-Wesley.

  Susanne Kaiser 分享了她利用領域驅動設計、Wardley 映射（mapping），以及團隊拓撲（team topologies）對舊有系統（legacy systems）進行現代化改造的經驗。

- Tune, N.（預計於 2022 年出版）. Architecture Modernization: Product, Domain, & Team Oriented (*https://leanpub.com/arch-modernization-ddd*). Leanpub.

  在本書中，Nick Tune 深入討論了如何利用領域驅動設計和其他技術來實作棕地專案的架構現代化。

- Vernon, V., & Jaskula, T. (2021). *Implementing Strategic Monoliths and Microservices*. Boston: Addison-Wesley.

  一本動手實作的書，作者在其中展示了歷久不衰的軟體工程工具，包括快速發現和學習、領域驅動方法，以及適當實作基於整體（monolith）和基於微服務解決方案要處理的複雜度，同時關注最重要的面向：交付創新的業務戰略。

- Vernon, V., & Jaskula, T. (2021). *Strategic Monoliths and Microservices*. Boston: Addison-Wesley.

在本書中，Vaughn 和 Tomasz 促進了軟體的戰略思維，藉由探討如何使用基於發現（discovery-based）的學習和領域驅動方法來達成重大的創新、如何為任務：微服務、整體或混合，選擇目的最明確的架構和工具，以及如何使它們一起運作。

事件風暴

- Brandolini, A.（尚未出版）. *Introducing EventStorming* (*https://leanpub.com/introducing_eventstorming*). Leanpub.

Alberto Brandolini 是事件風暴工作坊的創始人，在本書中，他詳細解釋了事件風暴背後的流程和基本原理。

- Rayner, P.（尚未出版）. *The EventStorming Handbook* (*https://leanpub.com/eventstorming_handbook*). Leanpub.

Paul Rayner 解釋了他如何實際使用事件風暴，包括許多促進會議成功的秘訣和技巧。

總結

就這樣！非常感謝您閱讀這本書，我希望您享受它，而且您會使用從中學習到的東西。

我希望您從這本書中學到的是領域驅動設計工具背後的邏輯和原則，不要盲目地遵循領域驅動設計並當成教條，而是要了解它基於的理由。這種理解將顯著增加您應用 DDD 並從中獲得價值的機會，了解領域驅動設計的哲學也是一個發揮價值的關鍵，透過個別地整合方法論的概念，尤其是在棕地專案之中。

最後，永遠要留意您的統一語言，如果有疑問，請進行事件風暴。祝您好運！

應用 DDD：案例研究

在本附錄中，我將分享我的領域驅動設計（domain-driven design）之旅是如何開始的：一家初創（start-up）公司的故事。在本範例中，我們將它稱為「Marketnovus」。在 Marketnovus 裡，我們從公司創立之日起就一直採用 DDD 方法，多年來，我們不僅犯了所有可能的 DDD 錯誤，也有機會從這些錯誤中汲取教訓並修正它們。我將用這個故事和我們所犯的錯誤來展示 DDD 模式和實踐在軟體專案的成功中所起的作用。

本案例研究由兩個部分組成。在第一部分中，我將向您介紹 Marketnovus 五個限界上下文（bounded contexts）的故事，制定出了哪些設計決策，以及結果是什麼。在第二部分中，我將討論這些故事是如何反映您在本書中學到的內容。

在我們開始之前，我需要強調 Marketnovus 不再存在了。因此，本附錄絕非宣傳性的，此外，由於這是一家停業的公司，所以我可以誠實地談論我們的經歷。

五個限界上下文

在我們深入研究限界上下文及其設計的方式之前，我們必須從定義 Marketnovus 的業務領域開始。

業務領域

想像一下您正在生產一個產品或服務，Marketnovus 讓您能外包所有和行銷相關的雜務。Marketnovus 的專家會為您的產品制定行銷策略，它的廣告文案撰稿人（copywriters）和平面設計師（graphic designers）會製作大量的創意素材，例如橫幅（banners）和登陸頁面（landing pages），這些素材將用於運行宣傳您產品的廣告活動。

這些活動產生的所有潛在客戶都將由 Marketnovus 的銷售人員處理，他們將撥打電話並銷售您的產品，這個過程如圖 A-1 所示。

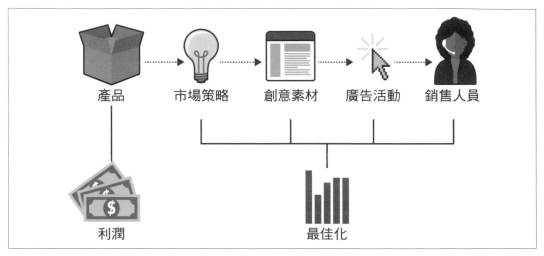

圖 A-1　行銷流程

最重要的是，這個行銷流程提供了許多最佳化的機會，而這正是分析部門負責的工作。他們分析所有資料以確保 Marketnovus 及其客戶獲得最大的收益，無論是藉由準確指出最成功的活動、慶賀最有效的創意，或是確保銷售人員正在處理最有希望的潛在客戶。

由於我們是一家自籌資金的公司，因此我們必須盡快開展業務。結果，就在公司剛成立之後，我們軟體系統的第一個版本就必須實踐我們價值鏈（value chain）的前三分之一：

- 用來管理契約以及與外部供應商整合的系統
- 供我們的設計師管理創意素材的目錄
- 用於運行廣告活動的活動管理解決方案

我感到不知所措，而且不得不想辦法解決業務領域的所有複雜問題。幸運的是，在我們開始運作前不久，我讀了一本承諾出這件事的書。當然，我說的就是 Eric Evans 的開創性作品——《Domain-Driven Design: Tackling Complexity at the Heart of Software》。

如果您讀過本書的前言，您就會知道 Evans 的書提供了我一直在尋找的答案：如何設計並實作業務邏輯。儘管如此，對我來說，第一次閱讀這本書並不容易理解，但我覺得僅僅透過閱讀戰術設計的章節，我就已經對 DDD 有了很好的掌握。

猜猜這個系統最初是如何設計的？這肯定會讓 DDD 社群中的某位傑出人士[1]感到非常自豪。

限界上下文 #1：行銷

我們第一個解決方案的架構風格可以簡潔地概括為「無所不在的聚合（aggregates）」。機構、活動、位置、渠道、發布者：需求中的每個名詞都被聲明為一個聚合。

所有這些所謂的聚合都存在於一個巨大、單獨、限界的上下文（context）中。是的，一個巨大、可怕的整體（monolith），現在每個人都會警告您的那種。

當然，這些都不是聚合，它們沒有提供任何事務邊界（transactional boundaries），而且它們裡面幾乎沒有任何行為，所有業務邏輯都在一個巨大的服務層（service layer）中實現。

當您的目標是實作一個領域模型（domain model）但最終得到了主動記錄（active record）模式時，它通常被稱為「貧血領域模型（anemic domain model）」反模式（antipattern）。事後看來，這種設計是如何不實作領域模型的常規範例。然而，從業務的立場來看，事情看起來完全不同。

從業務的角度來看，這個專案被認為是一個巨大的成功！儘管架構存在缺陷，但我們能夠在非常緊迫的上市時間內交付能運行的軟體，我們是怎麼做的？

一種魔法

我們不知為何卻成功提出了一個穩固的（robust）統一語言（ubiquitous language）。我們過去都沒有任何線上行銷的經驗，但我們仍然可以與領域專家（domain experts）進行交談，我們理解他們，他們也理解我們。令我們驚訝的是，領域專家原來是非常好的人！他們真的很感激我們願意向他們以及他們的經驗學習。

與領域專家的順暢溝通使我們能夠立即掌握業務領域並實行業務邏輯。是的，它是一個相當大的整體，但對於一個車庫裡的兩個開發人員來說，它已經夠好了，同樣的，我們在非常緊迫的上市時間內生產了能運作的軟體。

我們對領域驅動設計的早期理解

我們在這個階段對領域驅動設計的理解可以用圖 A-2 所示的簡單圖表來呈現。

---

[1] @DDDBorat 是一個惡搞的 Twitter 帳戶，以分享領域驅動設計上的糟糕建議而聞名。

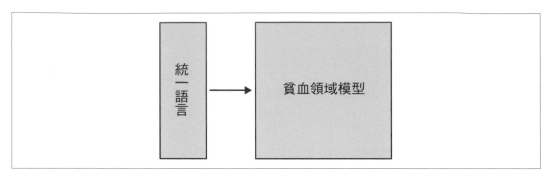

圖 A-2　我們對領域驅動設計的早期理解

限界上下文 #2：CRM

在我們部署活動管理的解決方案後不久，潛在客戶開始湧入，我們很著急。我們的銷售人員需要一個強大的客戶關係管理（customer relationship management，CRM）系統來管理潛在客戶及其生命週期。

CRM 必須匯總所有傳入的潛在客戶、根據不同參數對它們進行分組，並將它們分配到全球多個銷售台（sales desks），還必須與我們委託人的內部系統整合，既能通知委託人潛在客戶生命週期的變化，又能額外補充我們潛在客戶的資訊。當然，CRM 必須提供盡可能多的最佳化機會。例如，我們需要能夠確保銷售人員正在處理最有希望的潛在客戶，根據他們的條件和過去的表現將潛在客戶指派給銷售人員，並讓一個非常靈活的解決方案來計算銷售人員的傭金。

由於沒有現成的產品符合我們的需求，我們決定推出自己的 CRM 系統。

更多「聚合」！

最初的實作方法是繼續關注戰術模式，同樣的，我們將每個名詞宣稱為一個聚合，並將它們硬塞到同一個整體中，然而這次，從一開始就感覺有些不對勁。

我們注意到，我們經常為這些「聚合」的名稱添加難用的前綴：例如，CRMLead 和 MarketingLead、MarketingCampaign 和 CRMCampaign。有趣的是，我們在和領域專家的交談中從未使用過這些前綴，不知為何，他們總是從上下文中理解含義。

然後我想起了領域驅動設計有個我們至今一直忽略的限界上下文概念。在重溫 Evans 書中的相關章節後，我明白限界上下文解決了我們經歷的完全相同的問題：它們保護統一語言的一致性。此外，到那時，Vaughn Vernon 已經發表了他的「Effective Aggregate Design」

論文（*https://oreil.ly/tJ0pb*），該論文使我們在設計聚合時所犯的所有錯誤變得明確。我們把聚合視為資料結構（data structures），但它們藉由保護系統資料的一致性扮演了更重大的角色。

我們退後一步並重新設計了 CRM 解決方案以反映這些啟示。

解決方案設計：採用兩個

我們首先將我們的整體劃分為兩個不同的限界上下文：行銷和 CRM。當然，我們在這裡並沒有一路走到微服務（microservices）；我們只是對統一語言做了最低限度的保護。

但是，在新的限界上下文即 CRM 中，我們不會重複我們在行銷系統中犯過的同樣錯誤，不再有貧血領域域模型！在這裡，我們將實作一個真實的領域模型，其中包含真正的、常規的聚合。具體而言，我們誓言：

- 每個事務（transaction）只會影響到聚合的一個實例（instance）。
- 每個聚合本身將定義事務的範圍，而不是物件關聯映射（ORM）。
- 服務層會非常嚴格地節食，所有業務邏輯將被重構為相對應的聚合。

我們非常熱衷於用正確的方式做事，但很快地，建立適當的領域模型顯然是很困難的！

相對於行銷系統，一切都花費了更多時間！第一次就確定出事務邊界幾乎是不可能的。我們必須評估至少幾個模型並進行測試，後來才發現我們沒有想到的模型是正確的。以「正確」方式做事的代價非常高：大量的時間。

很快地，每個人都明白，我們根本不可能按時完成任務！為了幫助我們，管理層決定將一些功能的實作轉移給……資料庫管理員團隊。

是的，在儲存程序中實作業務邏輯。

這一個決策導致了很大的損失，不是因為 SQL 並非描述業務邏輯的最佳語言。不，真正的問題更加細微和根本。

巴別塔（Tower of Babel）2.0

這種情況產生了一個隱含的限界上下文，其邊界剖析了我們最複雜的業務實體（entities）之一：潛在客戶（Lead）。

結果是兩個團隊從事於同一個業務元件上，並實作密切相關的功能，但它們之間的互動很少。統一語言？讓我休息一下！從字面上看，每個團隊都有自己的詞彙來描述業務領域及其規則。

模型不一致、沒有共同理解、知識被複製了、相同規則被實作了兩次。我保證，當邏輯必須更改時，實作就會立即不同步了。

不用說，該專案沒有準時交付，而且充滿了錯誤。多年來悄無聲息、糟糕的生產問題破壞了我們最寶貴的資產：我們的資料。

擺脫這種混亂的唯一方法是完全重寫 Lead 聚合，這一次使用適當的邊界，我們在幾年後做了這件事。這並不容易，但混亂是如此糟糕，沒有其他辦法可以解決它。

更廣泛地理解領域驅動設計

儘管這個專案在業務標準上失敗得相當慘烈，但我們對領域驅動設計的理解有了一點進步：建立統一語言、使用限界上下文保護它的完整性，不是在任何地方都實作一個貧血領域模型，而是在任何地方實作合適的領域模型。該模型如圖 A-3 所示。

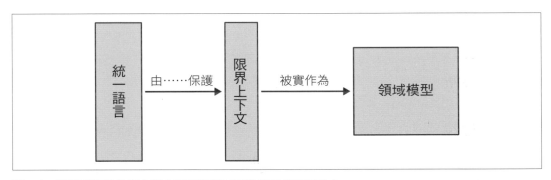

圖 A-3　將戰略設計的概念導入我們對領域驅動設計的理解當中

當然，這裡缺少領域驅動設計的一個關鍵部分：子領域（subdomains）、它們的類型，以及它們如何影響系統設計。

最初，我們希望盡可能做到最好，但最終我們浪費了時間和精力來建立支持子領域（supporting subdomains）的領域模型。正如 Eric Evans 所言，並非所有的大型系統都經過精心設計。我們以艱難的方式學到了這一點，我們想在下一個專案中使用獲得的知識。

限界上下文 #3：事件處理器

CRM 系統推出後，我們懷疑一個隱含的子領域散布在行銷和 CRM 中。每當必須修改傳入客戶事件的處理流程時，我們都必須在行銷和 CRM 的限界上下文中導入更改。

由於概念上此流程不屬於它們之中的任何一個，我們決定將這個邏輯提取到一個稱為「事件處理器（event crunchers）」的專用限界上下文中，如圖 A-4 所示。

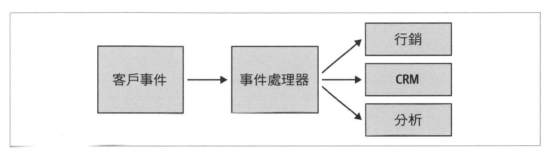

圖 A-4　事件處理器的限界上下文處理傳入的客戶事件

由於我們沒有從移動資料的方式賺到任何錢，而且沒有任何現成的解決方案可以使用，所以事件處理程序類似於一個支持子領域，我們就是這樣設計的。

這次沒什麼特別的：只是分層架構（layered architecture）和一些簡單的事務腳本（transaction scripts）。這個解決方案效果很好，但只有一段時間。

隨著我們業務的發展，我們在事件處理器中實作了越來越多功能。它始於商業智慧（business intelligence，BI）人員要求一些旗標（flags）：標記新聯繫的旗標、標記各種首次事件的旗標、表明某些業務固定規則（invariants）的更多旗標等等。

最終，這些簡單的旗標演變成真正的業務邏輯，具有複雜的規定和固定規則。最初的事務腳本演變成一個成熟的核心（core）業務子領域。

不幸的是，當您將複雜的業務邏輯實作為事務腳本時，不會有任何好事發生。由於我們沒有調整我們的設計來應對複雜的業務邏輯，我們最終得到了一個非常大的泥球（big ball of mud）。對程式碼庫（codebase）的每個修改都變得越來越昂貴、品質下降，我們被迫重新思考事件處理器的設計。

一年後我們做到了。到了那時候，業務邏輯已經變得如此複雜，以至於只能透過事件源（event sourcin）來應對。我們將事件處理程序的邏輯重構為事件源領域模型（event-sourced domain model），由其他限界上下文訂閱其事件。

限界上下文 #4：獎金

有一天，銷售台經理要求我們將他們一直手動執行的、簡單但乏味的程序自動化：計算銷售人員的傭金。

同樣的，它一開始很簡單：每個月一次，只需要計算每位銷售人員的銷售量百分比，並將報告發送給經理。和之前一樣，我們思索這是否是核心子領域（core subdomain）。答案是否定的，我們沒有發明任何新東西，也沒有從這個過程中賺錢，如果可以採購既有的實踐，我們肯定會。不是核心、不是通用（generic），而是另一個支持子領域。

我們相應地設計了解決方案：主動記錄物件（objects），由一個「智慧」的服務層編排，如圖 A-5 所示。

圖 A-5　使用主動記錄和分層架構模式實作的獎金限界上下文

哇，一旦流程自動化，公司裡的每個人都變得有創造力了嗎？我們的分析師想要最佳化這個流程，他們想嘗試不同的百分比，把百分比與銷售量及價格聯繫起來，為達成不同目標解鎖額外傭金等等。猜猜最初的設計何時崩潰？

再次，程式碼庫開始變成一個無法管理的泥球，增加新功能變得越來越昂貴，錯誤開始出現——當您處理金錢時，即使是最小的錯誤也會產生巨大的後果。

設計：採用兩個

與事件處理器專案一樣，在某些時候我們再也無法忍受了，我們不得不丟棄舊的程式碼並從頭開始重寫解決方案，這次是作為事件源領域模型。

就像在事件處理器專案中一樣，業務領域最初被歸類為支持子領域，隨著系統的發展，它逐漸轉變為核心子領域：我們找到了從這些過程中賺錢的方法。然而，這兩個限界上下文之間存在顯著的差異。

統一語言

對於獎金專案，我們有一個統一語言。即使最初的實作是基於主動記錄的，我們仍然可以擁有一個統一語言。

隨著領域複雜度的增長，領域專家使用的語言也變得越來越複雜。在某些時候，它不再能使用主動記錄來建模！這個領悟讓我們能比在事件處理器專案中更早注意到更改設計的必要性。託統一語言的福，我們不用做格格不入的嘗試，進而節省了大量的時間和精力。

對領域驅動設計的經典理解

至此，我們對領域驅動設計的理解終於演變成經典的：統一語言、限界上下文，以及不同類型的子領域，每一種都根據自己的需要進行設計，如圖 A-6 所示。

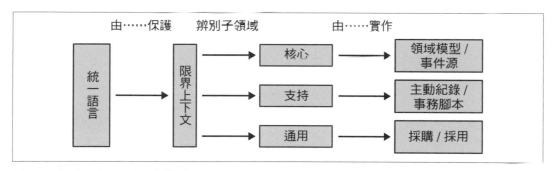

圖 A-6　領域驅動設計的經典模型

然而，我們的下一個專案發生了意想不到的轉變。

限界上下文 #5：行銷中心

我們的管理層正在尋找一個能盈利的新垂直領域，他們決定嘗試使用我們的能力來產生大量的潛在客戶，並把它們出售給我們過去沒有合作過的小型委託人，這個專案被稱為「行銷中心」。

由於管理層已將此業務領域定義為新的盈利機會，所以它顯然是一個核心的業務領域。因此，在設計方面，我們拿出了重砲：事件源領域模型和 CQRS。此外，當時一個新的流行詞：微服務，開始獲得很多關注，我們決定試一試。

我們的解決方案看起來像圖 A-7 中所示的實作。

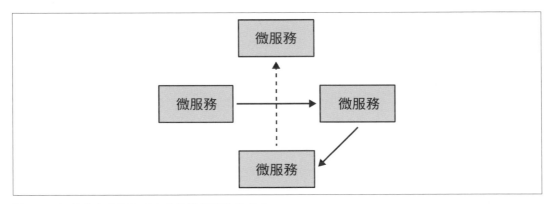

圖 A-7　行銷中心限界上下文中基於微服務的實作

小型服務，每個都有自己的資料庫，它們之間有同步和非同步溝通：理論上，它看起來像是一個完美的解決方案設計，實際上，並沒有那麼好。

微什麼？

我們天真地接近微服務，認為服務越小越好。因此，我們圍繞聚合繪製了服務邊界。在 DDD 的術語中，每個聚合都成為它自己的限界上下文。

同樣的，最初這個設計看起來很棒，它讓我們能夠根據特定的需求實作每項服務。只有一個會使用事件源，其餘都是基於狀態的聚合。此外，它們都可以獨立維護和發展。

然而，隨著系統的發展，這些服務變得越來越愛說話。最終，幾乎每個服務都需要來自所有其他服務的資料來完成它的一些操作。結果呢？原本打算成為解耦（decoupled）的系統，最後卻成為了分散式（distributed）整體：維護絕對是一場惡夢。

不幸的是，這個架構還有另一個更根本的問題。為了實作行銷中心，我們使用最複雜的模式對業務領域進行建模：領域模型和事件源領域模型。我們精心打造了這些服務，但這一切都是徒勞無功的。

真正的問題

儘管企業認為行銷中心是一個核心子領域，但它沒有技術複雜度。在這個複雜架構的背後，是一個非常簡單的業務邏輯，它非常簡單，可以使用普通的主動記錄來實作。

事實證明，業務人員希望利用我們與其他公司的既有關係，而非透過使用聰明的演算法來獲利。

技術複雜度最終遠高於業務複雜度，為了描述複雜度中的這種差異，我們使用術語意外的複雜度（*accidental complexity*），我們最初的設計最終就是這樣，該系統被過度設計（overengineered）。

討論

這就是我想告訴您的五個限界上下文：行銷、CRM、事件處理器、獎金、行銷中心。當然，像 Marketnovus 這樣廣泛的業務領域牽涉到更多的限界上下文，但我想分享我們從中學到最多的限界上下文。

現在我們已經瀏覽了五個限界上下文，讓我們從不同的角度來看待這個問題。領域驅動設計核心元素的應用或誤用如何影響我們的結果？讓我們來看看吧。

統一語言

以我的經驗，統一語言是領域驅動設計的「核心子領域」，與我們的領域專家說同一種語言的能力對我們來說是不可或缺的。事實證明，和測試或文件相比，它是一種更有效的知識共享方式。

此外，統一語言一直是我們專案成功的主要預測因子：

- 剛開始時，我們行銷系統的實作離完美很遠。然而，穩固的統一語言彌補了架構上的缺陷，使我們能夠達成專案的目標。

- 在 CRM 的上下文中，我們搞砸了。無意中我們使用了兩個語言來描述同一個業務領域，我們努力擁有適當的設計，但由於溝通問題，我們最終陷入了巨大的混亂。

- 事件處理器專案最初是一個簡單的支持子領域，我們沒有在統一語言上投入精力。當複雜度開始增加時，我們非常後悔這個決定，如果我們一開始就使用統一語言，我們會花更少的時間。

- 在獎金專案中，業務邏輯以數量級變得更加複雜，但統一語言讓我們能夠更早注意到實作策略需要改變。

因此，統一語言不是可選的，無論您是在處理核心、支持還是通用子領域。

我們明白了儘早在統一語言上投入精力的重要性。如果一個語言在公司裡已經使用了一段時間（就像我們的 CRM 系統一樣），它需要巨大的努力和耐心來「修正」一種語言。我們能夠修正實作，這並不容易，但最終我們做到了。然而，對語言來說情況並非如此，多年來，有些人仍在使用最初實作中所定義的分歧術語。

子領域

正如您在第 1 章中學習到的，存在三種類型的子領域——核心、支持和通用——在設計解決方案時辨別運作中的子領域很重要。

辨別子領域的類型可能具有挑戰性，正如我們在第 1 章中討論的，在您正建立的軟體系統的相關粒度（granularity）級別上辨別子領域非常重要。例如，我們的行銷中心計畫旨在成為公司的額外利潤來源。然而，這個功能的軟體方面是一個支持子領域，而利用與其他公司的關係和契約才是真正的競爭優勢、真正的核心子領域。

此外，正如您在第 11 章中學習到的，僅辨別子領域的類型是不夠的，您還必須意識到子領域可能演變為另一種類型。在 Marketnovus，我們見證了幾乎所有可能的子領域類型變化組合：

- 事件處理器和獎金都是作為支持子領域開始的，但是，一旦我們找到了從這些流程獲利的方法，它們就成為了我們的核心子領域。

- 在行銷的上下文中，我們實作了自己的創意目錄，它並沒有什麼特別或複雜的地方。然而，幾年後出現了一個開源專案，它提供的功能甚至比我們原本擁有的功能還多，一旦我們用這個產品來取代我們的實作，支持子領域就變成了通用子領域。

- 在 CRM 的上下文中，我們有一個演算法可以識別出最有希望的潛在客戶。隨著時間推移，我們對它做了改進並嘗試了不同的實作，但最終它被在雲端（cloud）供應商管理服務中運行的機器學習模型所取代。從技術上說，核心子領域變得通用。

- 正如我們所見，我們行銷中心的系統一開始是核心，但最終成為一個支持子領域，因為競爭優勢位於一個完全不同的層面中。

正如您在本書中所學習到的，子領域的類型會影響到廣大的設計決策範圍。未能正確辨別子領域可能是一個代價高昂的錯誤，例如，在事件處理器和行銷中心的案例中。

將設計決策映射到子領域

這是我在 Marketnovus 想出來的一個技巧，可以確保子領域的辨別能萬無一失：反轉子領域和戰術設計決策之間的關係。選擇業務邏輯實作模式，沒有投機或鍍金；只需選擇適合手上需求的模式，接著將所選模式映射（mapping）到適合的子領域類型，最後，用業務願景驗證所辨別的子領域類型。

反轉子領域和戰術設計決策之間的關係會在您和企業之間建立額外的對話。有時業務人員需要我們，就像我們需要他們一樣。

如果他們認為某事是核心業務，但您可以在一天之內破解它，那麼這表明您需要尋找更細粒度（finer-grained）的子領域，或者應該對該業務的可行性提出問題。

另一方面，如果了領域被業務視為支持子領域，但只能使用進階的建模技術來實作：領域模型或事件源領域模型，事情就會變得有趣。

首先，業務人員可能對他們的需求過於有創意，最後導致意外的業務複雜度。這很正常，在這種情況下，需求可以而且也許應該被簡化。

其次，業務人員可能還沒有意識到他們利用了這個子領域來獲得額外的競爭優勢。這發生在獎金專案的案例中，透過發現這種不協調，您是在幫助企業更快地識別新的利潤來源。

不要忽視痛苦

最重要的是，在實作系統的業務邏輯時，永遠不要忽視「痛苦」，這是發展和改進業務領域模型或戰術設計決策的關鍵訊號，在後者的情況下，這代表子領域已經演變，是時候該回過頭來重新思考它的類型和實作策略了。如果類型改變了，請與領域專家交談以了解業務的上下文。如果您需要重新設計實作以符合新的業務現實，請不要害怕這種改變。一旦有意識於為業務邏輯建模的決策是如何被制定，而且您清楚所有可能的選項，就可以更輕鬆地對這種改變做出反應，並將實作重構為更精密的模式。

限界上下文的邊界

在 Marketnovus，我們嘗試了很多設定限界上下文邊界的策略：

- 語言的邊界：我們將最初的整體拆分為行銷和 CRM 的上下文，以保護它們的統一語言。

- 基於子領域的邊界：我們的許多子領域都是在它們自己的限界上下文中實作的；例如，事件處理器和獎金。

- 基於實體的邊界：正如我們前面所討論的，這種方法在行銷中心專案中取得的成功有限，但在其他專案中卻奏效了。

- 自殺式邊界：您可能還記得，在 CRM 的初始實作中，我們將聚合剖析為兩個不同的限界上下文。千萬不要在家嘗試這個，好嗎？

這些策略中的哪個是推薦的？沒有一個適合所有情況。根據我們的經驗，從較大的服務中提取服務比從太小的服務開始要安全得多，因此，我們更願意從更大的邊界開始，然後再分解它們，因為獲得了更多關於業務的知識。這些初始邊界有多寬？正如我們在第 11 章所討論的，這一切都回到了業務領域：您對業務領域知道得越少，最初的邊界就越寬。

這種啟發式方法（heuristic）對我們很有幫助。例如，在行銷和 CRM 限界上下文的案例中，每個上下文都包含多個子領域。隨著時間推移，我們逐漸將最初的寬邊界分解為微服務。正如我們在第 14 章中所定義的，在限界上下文的整個發展過程中，我們一直處於安全邊界的範圍內，只有在獲得足夠的業務領域知識後，我們才能藉由重構來避免越過安全邊界。

總結

在 Marketnovus 限界上下文的故事中，我展示了我們對領域驅動設計的理解如何隨著時間的推移而演變（請參閱圖 A-6 來複習）：

- 我們總是從與領域專家一起建立統一語言開始，以盡可能多地了解業務領域。

- 在模型分歧的情況下，我們將解決方案分解為限界上下文，遵循統一語言的語言邊界。

- 我們在每個限界上下文中識別子領域的邊界及類型。

- 對於每個子領域，我們透過用戰術設計的啟發式方法來選擇實作策略。

- 我們將初始子領域類型與戰術設計產生的子領域類型進行驗證。在類型不協調的情況下，我們與業務部門進行了討論。有時候這種對話會導致需求改變，因為我們能夠為產品負責人（product owners）提供關於專案的新觀點。

- 隨著我們獲得更多領域知識，如果有需要，我們將限界上下文進一步分解為邊界更窄的上下文。

如果我們將這種領域驅動設計的願景與我們一開始的願景進行比較，我會說主要的區別在於我們從「無所不在的聚合」變成了「無所不在的統一語言」。

臨別之際，既然我已經告訴您 Marketnovus 是如何開始的，我想分享一下它是如何結束的。

該公司很快就開始獲利，最終被它最大的委託人收購。當然，我不能把它的成功僅僅歸功於領域驅動設計。然而這些年來，我們一直處於「創業模式」。

我們在以色列所說的「創業模式」在世界其他地方被稱為「混亂」；不斷變化的業務需求和優先等級、緊迫的時間範圍，以及一個小型的研發團隊。DDD 使我們能夠解決所有這些複雜度並繼續交付運作軟體。因此，當我回首往事時，我們在領域驅動設計上的賭注完全得到了回報。

練習題解答

第 1 章

1. D. B 和 C。只有核心子領域才能提供競爭優勢，使公司與業界其他競爭者區別開來。

2. B. 通用。通用子領域很複雜，但不會帶來任何競爭優勢，所以最好使用既有、經過實戰驗證的解決方案。

3. A. 核心。核心子領域預期會是最不穩定的，因為這些是公司旨在提供新解決方案的領域，而且通常需要相當多的互動才能找到最佳化的解決方案。

4. WolfDesk 的業務領域是服務台（Help Desk）管理系統。

5. 我們可以識別以下核心子領域，這些子領域使 WolfDesk 能夠從競爭對手中脫穎而出並支持其商業模式：

   a. 工單的生命週期管理演算法，其目的是關閉工單，進而鼓勵使用者開啟新的工單

   b. 詐欺偵測系統，以防止濫用其商業模式

   c. 支援自動導引，既減輕了租戶客服人員的工作，又進一步縮短了工單的壽命

6. 在公司描述中可以識別出以下支持子領域：

   a. 租戶工單類別的管理

   b. 管理租戶的產品，涉及哪個客戶可以開啟客服工單

   c. 輸入租戶客服人員的工作時間表

7. 可以在公司的描述中識別以下通用子領域：

    a. 認證和授權使用者的「業界標準」方式

    b. 使用外部供應商進行身份驗證和授權（SSO）

    c. 公司利用無伺服器計算的基礎設施來確保彈性、可擴展性，並最大限度地降低新租戶入門的計算成本

第 2 章

1. D。專案的所有利害關係人都應該貢獻他們的知識以及對業務領域的理解。

2. D。在所有與專案有關的溝通中都應該使用統一語言，軟體的原始碼也應該「說」統一語言。

3. WolfDesk 的客戶是租戶。要開始使用該系統，租戶要經歷一個快速的入門流程。該公司的收費模式基於在收費期間內開啟的工單數量，工單生命週期管理的演算法確保無效的工單會自動關閉。 WolfDesk 的詐欺偵測演算法可以防止租戶濫用其商業模式，客服自動導引功能嘗試自動為新的工單尋找解決方案。工單屬於客服的類別，並與租戶提供客服的產品有關。客服人員只能在他們的工作時間內處理工單，工作時間是由他們的排班時間表所定義。

第 3 章

1. B。限界上下文是被設計的，而子領域是被發現的。

2. D。以上皆是。限界上下文是模型的邊界，模型僅適用於其限界上下文。限界上下文被實作於獨立的專案 / 解決方案中，所以允許每個限界上下文擁有自己的開發生命週期。最後，限界上下文應該由單一開發團隊實作，因此，它也是所有權的邊界。

3. D。視情況而定。對於所有專案和案例而言，沒有完美的限界上下文大小。不同的因素如模型、組織約束，以及非功能性需求，都會影響限界上下文的最佳範圍。

4. D。B 和 C 是正確的。限界上下文應該只能由一個團隊擁有，同時，相同團隊可以擁有多個限界上下文。

5. 可以肯定的是，實作工單生命週期的操作模型將會不同於用於詐欺偵測和客服自動導引功能的模型。詐欺偵測演算法通常需要更多分析導向的建模，而自動導引功能可能會使用對機器學習演算法進行最佳化的模型。

第 4 章

1. D。各行其道。該模式涉及在多個限界上下文中複製功能的實作,應不惜一切代價避免複製複雜的、不穩定的,以及關鍵業務的業務邏輯。

2. A。核心子領域。核心子領域最有可能利用防腐層來保護自己免受上游服務揭露的無效模型影響,或是在上游公開介面中包含的頻繁更改。

3. A。核心子領域。核心子領域最有可能實作開放主機服務,解耦實作模型與公開介面(釋出語言),可以更方便地演化核心子領域的模型,而不會影響到它的下游客戶。

4. B。共享核心。共享核心模式是限界上下文的單一團隊所有權規則的一個例外。它定義了共享模型的一小部分,而且可以由多個限界上下文同時演化,模型的共享部分應該總是保持盡可能小。

第 5 章

1. C。這些模式都不能用來實作核心子領域,事務腳本和主動記錄都適用於簡單的業務邏輯,而核心子領域涉及更複雜的業務邏輯。

2. D。以上所有的問題都是有可能的。

    a. 如果在第 6 行之後執行失敗,呼叫者重試此操作,而且 FindLeastBusyAgent 方法選擇了相同的客服人員,則客服人員的 ActiveTickets 計數器將增加 1 以上。

    b. 如果在第 6 行之後執行失敗但呼叫者沒有重試此操作,則計數器將增加,但不會創建工單本身。

    c. 如果在第 12 行之後執行失敗,則工單被創建和指派,但不會發送第 14 行的通知。

3. 如果在第 12 行之後執行失敗,而且呼叫者重試此操作並成功,則相同的工單將被留存並指派兩次。

4. WolfDesk 的所有支持子領域都非常適合作為事務腳本或主動記錄來實作,因為它們的業務邏輯相對簡單:

    a. 租戶工單類別的管理

    b. 管理租戶的產品,涉及哪個客戶可以開啟客服工單

    c. 輸入租戶客服人員的工作時間表

第 6 章

1. C。值物件是不可變的。（此外，它們可以包含資料和行為。）

2. B。只要業務領域對資料一致性的要求是要完好無缺的，聚合就應該設計得盡可能小。

3. B。確保正確的事務邊界。

4. D。A 和 C。

5. B。聚合封裝了它的所有業務邏輯，但操控主動記錄的業務邏輯可以位於其邊界之外。

第 7 章

1. A。領域事件使用值物件來描述業務領域中發生的事情。

2. C。可以推算多個狀態表示，而且您永遠可以在未來增加其他推算。

3. D。B 和 C 都是正確的。

4. 工單生命週期演算法是一個可以實作為事件源領域模型的良好候選者，為所有的狀態轉換產生領域事件，可以更方便地推算詐欺偵測演算法和客服自動導引功能最佳化的其他狀態表示。

第 8 章

1. D。A 和 C。

2. D。B 和 C。

3. C。基礎設施層

4. E。A 和 D。

5. 使用由 CQRS 模式投影的多個模型，這並不抵觸限界上下文作為模型邊界的要求，因為只有一個模型被定義為事實來源並用於更改聚合的狀態。

第 9 章

1. D。B 和 C。

2. B。可靠地發布訊息。

3. 寄件匣模式可用於實作外部元件的非同步執行，例如，它可以用於發送電子郵件的訊息。

4. E。A 和 D 是正確的。

第 10 章

1. 事件源領域模型、CQRS 架構，以及專注於單元測試的測試策略。

2. 排班可以建模為主動記錄，在分層架構模式中運作。測試策略應該主要關注整合測試。

3. 業務邏輯可以實作為組織於分層架構中的事務腳本。從測試的角度來看，值得專注於端對端測試、驗證完整的整合流程。

第 11 章

1. A。合夥關係到客戶—供應商（追隨者、防腐層，或開放主機服務）。隨著組織的成長，團隊以專門的方式整合他們的限界上下文可能變得更具挑戰性，因此，他們切換到更正式的整合模式。

2. D。A 和 B。A 是正確的，因為當複製的成本低於協作的開銷時，限界上下文會各行其道。C 是不正確的，因為複製核心子領域的實作是一個糟糕的主意。因此，B 是正確的，因為各行其道的模式可以用於支持和通用子領域。

3. D。B 和 C。

4. F。A 和 C。

5. 達到一定的成長水準之後，WolfDesk 可以跟隨亞馬遜（Amazon）的腳步實作自己的運算平台，以進一步最佳化其彈性地擴展能力並最佳化基礎設施的成本。

第 12 章

1. D。所有利害關係人都了解您要探索的業務領域。

2. F。所有答案都是促成事件風暴會議的合理理由。

3. E。所有答案都是事件風暴會議的可能結果，您期望應該得到的結果取決於您促成會議的最初目的。

第 13 章

1. B。分析組織的業務領域及其戰略。

2. D。A 和 B。

3. C。A 和 B。

4. 具有限界上下文範圍邊界的聚合能使所有限界上下文的資料成為一個大事務的一部分，這種方法的效能問題也很有可能從一開始就很明顯，一旦發生這種情況，事務邊界將會被刪除。因此，不再有假設留在聚合中的資訊是高度一致的可能。

第 14 章

1. A。所有微服務都是限界上下文。（但並非所有限界上下文都是微服務。）

2. D。業務領域的知識及其複雜度揭露於服務的整個邊界，並透過其公開介面反映出來。

3. C。限界上下文（最寬）和微服務（最窄）之間的邊界。

4. D。該決策取決於業務領域。

第 15 章

1. D。A 和 B 是正確的。

2. B。事件攜帶狀態轉移。

3. A。開放主機服務

4. B。S2 應該發布公開的事件通知，通知 S1 發出同步請求以獲取最新資訊。

第 16 章

1. D。A 和 C 是正確的。

2. B。開放主機服務。由開放主機服務揭露的釋出語言可以是為了分析處理最佳化的 OLAP 資料。

3. C。CQRS。可以利用 CQRS 模式從事務模型中產生 OLAP 模型的投影。

4. A。限界上下文。

參考文獻

Brandolini, A. (n.d.). *Introducing EventStorming*. Leanpub.

Brooks, F. P., Jr. (1974). *The Mythical Man Month and Other Essays on Software Engineering*. Reading, MA: Addison-Wesley.

Eisenhardt, K., & Sull, D. (2016). *Simple Rules. How to Succeed in a Complex World*. London. John Murray.

Esposito, D., & Saltarello, A. (2008). *Architecting Applications for the Enterprise: Microsoft® .NET*. Redmond, WA: Microsoft Press.

Evans, E. (2003). Domain-Driven Design: *Tackling Complexity in the Heart of Software*. Boston: Addison-Wesley.

Feathers, M. C. (2005). *Working Effectively with Legacy Code*. Upper Saddle River, NJ: Prentice Hall PTR.

Fowler, M. (2002). *Patterns of Enterprise Application Architecture*. Boston: Addison Wesley.

Fowler, M. (2019). *Refactoring: Improving the Design of Existing Code* (2nd ed.). Boston: Addison-Wesley.

Fowler, M.（出版年份不詳）。*What do you mean by "Event-Driven"?* 擷取自 2021 年 8 月 12 日，源自 *https://martinfowler.com/articles/201701-event-driven.html*。

Gamma, E., Helm, R., & Johnson, R. (1994). *Design Patterns: Elements of Reusable Object-Oriented Soware*. Reading, MA: Addison-Wesley.

Gigerenzer, G., Todd, P. M., & ABC Research Group (Research Group, Max Planck Institute, Germany). (1999). *Simple Heuristics That Make Us Smart*. New York: Oxford University Press.

Goldratt, E. M. (2005). *Beyond the Goal: Theory of Constraints*. New York: Gildan Audio.

Goldratt, E. M., & Goldratt-Ashlag, E. (2018). *The Choice*. Great Barrington, MA: North River Press Publishing Corporation.

Goldratt-Ashlag, E. (2010). "The Layers of Resistance—The Buy-In Process According to TOC." (Chapter 20 of the *Theory of Constraints* handbook.) Bedford, England: Goldratt Marketing Group.

Garcia-Molina, H., & Salem K. (1987). *Sagas*. Princeton, NJ: Department of Computer Science, Princeton University.

Helland, P. (2020). Data on the outside versus data on the inside. *Communications of the ACM*, 63(11), 111–118.

Hohpe, G., & Woolf, B. (2003). *Enterprise Integration Patterns: Designing, Building, and Deploying Messaging Solutions*. Boston: Addison-Wesley.

Khononov, V. (2022). *Balancing Coupling in Soware Design*. Boston: Addison Wesley.

Khononov, V. (2019). *What Is Domain-Driven Design?* Boston: O'Reilly. Martraire, C. (2019). *Living Documentation: Continuous Knowledge Sharing by Design*. Boston: Addison-Wesley.

Millett, S., & Tune, N. (2015). *Patterns, Principles, and Practices of Domain-Driven Design* (1st ed.). Nashville: John Wiley & Sons.

Myers, G. J. (1978). *Composite/Structured Design*. New York: Van Nostrand Reinhold. Ousterhout, J. (2018). *A Philosophy of Software Design*. Palo Alto, CA: Yaknyam Press.

Richardson, C. (2019). *Microservice Patterns: With Examples in Java*. New York: Manning Publications.

Vernon, V. (2013). *Implementing Domain-Driven Design*. Boston: Addison-Wesley.

Vernon, V. (2016). *Domain-Driven Design Distilled*. Boston: Addison-Wesley.

West, G. (2018). *Scale: The Universal Laws of Life and Death in Organisms, Cities and Companies*. Oxford, England: Weidenfeld & Nicolson.

Wright, D., & Meadows, D. H. (2009). *Thinking in Systems*: A Primer. London: Earthscan.

索引

C

T

關於作者

Vlad (Vladik) Khononov 是一位擁有超過 20 年產業經驗的軟體工程師，這段期間，他曾在大大小小的企業中擔任過各種職務，範圍從網路專業人員（webmaster）到首席架構師（chief architect）都有。Vlad 作為一位公開的演講者、部落客和作家，他維持著活躍的媒體生涯。他旅行到世界各地諮詢並談論領域驅動設計（domain-driven design）、微服務（microservices）和軟體架構。Vlad 幫助公司理解他們的業務領域、排解舊有系統（legacy systems），並應對複雜的架構挑戰。他和他的妻子，以及還算合理數量的貓住在以色列北區。

出版記事

領域驅動設計封面上的動物是白腹長尾猴（*Cercopithecus mona*），可以在西非和加勒比島嶼的熱帶雨林中發現牠們。牠們是在奴隸貿易期間被引進的。牠們從樹冠層中上部分的樹上跳下來時會用長長的尾巴保持平衡。

白腹長尾猴的臉、四肢周圍，以及尾巴上有較深褐色的毛，牠們的下側包括腿的內側是白色的。雌性的平均長度為 16 英寸，而雄性的平均長度為 20 英寸——尾巴又另外增加了 26 英寸或更多。白腹長尾猴臉頰上的長毛簇可以染成黃色或灰色，牠們的鼻子有一些淺粉色。常它們覓食時，臉頰會充當食物的袋子，能容納像牠們胃一樣多的量。

白腹長尾猴以水果、種子、昆蟲和樹葉為食，牠們留在野外生活了大約 30 年。牠們每天會多次成群結隊地覓食，已被記錄到一群能超過 40 隻；雄性通常在群體中占主導地位，牠們和多隻雌性交配並擊退競爭的雄性，這些群體可能會非常吵。

由於人類的活動，白腹長尾猴的保護狀態為「近危（Near Threatened）」。 O'Reilly 書籍封面上的許多動物都面臨瀕臨絕種的危機；牠們都是這個世界重要的一份子。

封面上的插圖是由 Karen Montgomery 根據 *Lydekker's Royal Natural History* 的黑白版畫繪製而成。

領域驅動設計學習手冊

作　　者：Vlad Khononov
譯　　者：徐浩軒
企劃編輯：蔡彤孟
文字編輯：王雅雯
設計裝幀：陶相騰
發 行 人：廖文良

發 行 所：碁峰資訊股份有限公司
地　　址：台北市南港區三重路 66 號 7 樓之 6
電　　話：(02)2788-2408
傳　　真：(02)8192-4433
網　　站：www.gotop.com.tw
書　　號：A681
版　　次：2023 年 02 月初版
建議售價：NT$580

國家圖書館出版品預行編目資料

領域驅動設計學習手冊 / Vlad Khononov 原著；徐浩軒譯. -- 初
　版. -- 臺北市：碁峰資訊, 2023.02
　　面；　公分
　譯自：Learning Domain-Driven Design.
　ISBN 978-626-324-397-2(平裝)
　1.CST：電腦程式設計　2.CST：軟體研發
312.2　　　　　　　　　　　　　　　　　111021238

讀者服務

● 感謝您購買碁峰圖書，如果您對本書的內容或表達上有不清楚的地方或其他建議，請至碁峰網站：「聯絡我們」\「圖書問題」留下您所購買之書籍及問題。(請註明購買書籍之書號及書名，以及問題頁數，以便能儘快為您處理)

http://www.gotop.com.tw

● 售後服務僅限書籍本身內容，若是軟、硬體問題，請您直接與軟體廠商聯絡。

● 若於購買書籍後發現有破損、缺頁、裝訂錯誤之問題，請直接將書寄回更換，並註明您的姓名、連絡電話及地址，將有專人與您連絡補寄商品。